基于变换域的
纹理防伪标签自动识别技术

李京兵　韩宝如　著

知识产权出版社
全国百佳图书出版单位

图书在版编目（CIP）数据

基于变换域的纹理防伪标签自动识别技术/李京兵，韩宝如著. —北京：知识产权出版社，2016.6

ISBN 978 – 7 – 5130 – 4225 – 3

Ⅰ.①基… Ⅱ.①李…②韩… Ⅲ.①防伪印刷—标签—自动识别 Ⅳ.①TS853

中国版本图书馆 CIP 数据核字（2016）第 127324 号

内容提要

本书作为国内第一部基于变换域的纹理防伪标签自动识别技术的专著，提出了基于变换域提取纹理防伪图像特征向量的方法，并以此实现对纹理防伪标签的自动识别。这些算法将数字图像处理基础理论、均值感知哈希及基本频域变换有机地结合在一起，保证了识别算法有较好的鲁棒性。

本书深入浅出、算法新颖、图文并茂，可作为通信与信息类、计算机类、电子工程类及相关专业的本科生、研究生教材或教学参考书，也适合于从事防伪及知识产权保护工作的学者、技术人员的阅读。同时，本书还可作为安全系统、文本检索、多媒体通信、图像处理和模式识别等领域科技人员的参考资料。

责任编辑：石陇辉	责任校对：谷　洋
封面设计：刘　伟	责任出版：刘译文

基于变换域的纹理防伪标签自动识别技术

李京兵　韩宝如　著

出版发行：知识产权出版社 有限责任公司	网　　址：http://www.ipph.cn
社　　址：北京市海淀区西外太平庄 55 号	邮　　编：100081
责编电话：010 – 82000860 转 8175	责编邮箱：shilonghui@ cnipr.com
发行电话：010 – 82000860 转 8101/8102	发行传真：010 – 82000893/82005070/82000270
印　　刷：三河市国英印务有限公司	经　　销：各大网上书店、新华书店及相关专业书店
开　　本：787mm×1092mm　1/16	印　　张：8.25
版　　次：2016 年 6 月第 1 版	印　　次：2016 年 6 月第 1 次印刷
字　　数：170 千字	定　　价：29.00 元

ISBN 978-7-5130-4225-3

前　言

近20年来，我国经济飞速发展，假冒伪劣产品同时也借机进入市场，损害消费者和商家的权益。如今防伪技术已经成为市场经济的一个新的技术领域，它要求在一定范围之内能够准确地鉴别真伪，并不易被仿造。目前防伪技术种类很多，主要有激光防伪、数码防伪、纹理防伪、安全线防伪纸等。由于传统的防伪技术出现时间早、已经被造假者掌握，新兴的防伪技术造价高昂、不便于消费者使用等，现有的防伪技术都没有达到预期的防伪效果。因此市场上需要一种适合批量生产、方便消费者使用的防伪技术。那么本书所研究的与互联网结合的纹理防伪技术就应运而生了。

随着网络技术的发展，自动识别在防伪技术中的地位显得愈发重要。以纹理防伪的自动识别技术为例，现有的将二维码技术、条形码技术与纹理防伪标签相结合的自动识别技术，可以自动下载获取原始纹理防伪标签图像，简化鉴别步骤。但通过二维码、条形码扫描获取纹理图像时，纹理图像下载速度慢、耗时较长，并且由于二维码和条形码的平面印刷，导致其不能很好地保护防伪信息，易于被复制仿造。而基于 RFID 的自动识别技术，其效果虽然很好，但当纹理防伪标签较多时，投入成本较大。因此，纹理防伪标签的自动识别仍是一个难题，目前几乎没有有效的算法公布。本书针对这些问题，对纹理防伪标签自动识别速度、提高可靠性和适合批量生产的需求提出了自己的算法，并已就此申请了 7 件国家发明专利。读者可在此基础上举一反三。

本书作为国内第一部基于变换域的纹理防伪标签自动识别技术的专著，提出了基于变换域提取纹理防伪图像特征向量的方法，并以此实现对纹理防伪标签的自动识别。这些算法将数字图像处理基础理论、均值感知哈希及基本频域变换有机地结合在一起，有效地解决了纹理防伪标签自动识别发展所遇到的一些难题。

本书共分 4 章。第 1 章介绍了防伪技术发展历史及现状，以及防伪技术的相关基本知识，第 2 章介绍了纹理防伪标签自动识别算法所需要的基础理论，

第 3 章内容为基于变换域的纹理防伪标签自动识别算法，第 4 章内容为基于压缩域的纹理防伪标签自动识别算法。

本书可以作为专业课程的指导书，也可作为课程设计和毕业设计指导书，同时还可以作为纹理防伪自动识别研发人员的入门参考书。

本书在编写过程中参考了国内外大量文献以及网站资料，这些资料在本书中已尽量列出，若有遗漏深表歉意。在此也对本书所引用文献的作者深表感谢。

海南大学李京兵教授撰写了本书第 1 章和第 4 章，并对全书进行统稿；海南软件职业技术学院韩宝如副教授撰写了第 2 章、第 3 章和参考文献等内容。此外，海南大学的张月、刘畅、王双双、李雨佳等研究生参加了本书编写和整理工作，特此感谢。

本书的出版得到了海南大学 211 办公室高水平专著出版专项资金、国家自然科学基金（61263033）、海南省高等学校科学研究专项项目（Hnkyzx2014 – 2）、海南省国际科技合作重点项目（KJHZ2015 – 04）、海南省高等学校优秀中青年骨干教师基金（2014 – 129）、海南省高等学校科学研究项目（Hnky2015 – 80）的支持。由于作者水平有限，书中难免出现各种疏漏和不当之处，欢迎大家批评指正。作者联系方式：Jingbingli2008@ hotmail. com。

目　录

1 防伪技术概述

1.1 背景

近 20 年来，我国经济飞速发展，假冒伪劣产品同时也借机进入市场，损害消费者和商家的权益[1]，破坏整个社会经济运行的规则。这是个严肃的社会和政治问题[2]。利用防伪技术解决假冒伪劣的问题势在必行。如今防伪技术已经成为市场经济的一个新的技术领域，它要求在一定范围之内能够准确地鉴别真伪，并不易被仿造。防伪技术涉及的学科领域很多，如化学、物理学（光学、电磁学）、计算机技术、光谱技术、印刷技术、数字技术等，属于一门交叉边缘学科[3]。目前防伪技术种类很多，主要是激光防伪、数码防伪、RFID（Radio Frequency IDentification，射频识别）防伪、电码电话防伪等，但由于防伪容易被复制和消费者识别比较困难等原因而没有达到预期防伪的效果，因此，提高防伪技术的性能是目前防伪研究的一大难点。

1.2 防伪技术的分类

目前，防伪技术可以分为以下几类：激光防伪、数码防伪、纹理防伪、安全线防伪纸，以及与互联网结合的纹理防伪标签。

1.2.1 激光防伪

激光防伪是第一代防伪技术的代表。激光防伪又称激光全息防伪，顾名思义，其主要是利用激光全息技术来进行防伪的。

全息图像是由美国科学家伯格（M. J. Buerger）在利用 X 射线拍摄晶体的原子结构照片时发现的，并与伽柏（D. Gaber）一起建立了全息图像理论：利用双光束干涉原理，令物光和另一个与物光相干的光束（参考光束）产生干涉图样，即可把位相"合并"上去，从而用感光底片能同时记录下位相和振幅，就可以获得全息图像[4]。但由于普通光源单色性不好、相干性差，因而全息技术发展缓慢，很难拍出令人满意的全息图。直到20世纪60年代初激光出现，其高亮度、高单色性和高相干度的特性，迅速推动了全息技术的发展。这时全息技术还停留在实验室的阶段，直到1980年，美国科学家利用压印全息技术，将全息表面结构转移到聚醋薄膜上，从而成功地印制出世界上第一张模压全息图像。这种模压全息图像可以大批量复制生产，成本较低，且可以与各类印刷品结合使用。至此，全息摄影向社会应用迈出了决定性的一步[5]。

但此时将其用于防伪还是不够的，随后人们对它进行了改进，由此衍生出了透明激光全息图像防伪技术和反射激光全息图像防伪技术[6]。这两种技术也是在防伪中应用最广泛的，但由于其出现的时间较早，仿造者已经掌握其技术手段来制假售假。随着对激光防伪的深入研究，加密全息图像防伪技术和激光光刻防伪技术[7]也相继出现。这两种激光防伪技术具有较好的防伪效果。但是加密全息图像需要特定的识别环境，因此很难被普通消费者识别使用；而激光光刻防伪技术造价高昂，一般中小企业都难以负担。

1.2.2 数码防伪

数码防伪是为每一件入网的产品设置一个唯一的编码，并把这一编码储存在中心数据库中，同时在全国建立起短信、电话、网络查询等鉴别网络[8]。消费者购买到贴有数码防伪标识物的商品，只需拨打查询电话或登录查询网址，输入产品上的编码，即可知道产品的真伪。消费者在购买已加入数码防伪系统的企业所生产的产品时，在产品的包装上均可看到数码防伪标签，只要揭开标识的表层或刮开标识的涂层，就可以看到一组由多位数字组成的编码（16位及以上），此编码是唯一的，只能使用一次[9]。当消费者查询了一次后，第二次查询时系统就会提示该防伪编码已被使用，那消费者就不会购买了。

数码防伪除了最基本的防伪查询功能，还有找出售假区域和制假者的功能。根据查询记录中的主叫电话号码是不是正码所规定的查询号码800、400，输入的防伪编码是不是16位数，假冒编码被查询的次数、时间、电话等信息，可以清楚判断假货出现的地区及时间。而通过对异常查询记录数据的科学分析，可以初步判断出可疑制假者的电话号码；同时可以通过记录的查询电话号码，直接对发现假货的消费者进行回访，可以较清楚地了解市场上假货的销售情况，从而顺藤摸瓜，找出制假窝点和销售假货的地点，为企业打假指明方向和找准目标，降低打假费用、提高打假效率[10,11]。

然而数码防伪只有购买后才可以查询，并且商场等地并不会提供查询的工具，所花费的资费要由消费者自己承担。并且，这种查询方式只能满足消费者自己查询，不能进行机器识别，阻碍了数码防伪的发展。

1.2.3 纹理防伪

纹理防伪具有极难仿造、先查后买、永久有效、查询结论准确可靠等优点[12,13]。纹理是指物体表面清晰可见的天然特征，自然界中所有物体的纹理都是千变万化、各不相同的，如人的指纹、树叶脉络、斑马纹及瓷器上的裂纹等。纹理防伪技术利用这一原理，以材料本身固有的纹理特征作为防伪识别标记[14]。

纹理防伪技术中的纹理目前有两种实现方式。一种是在包装原材料制备过程中，把形成纹理的材料加入原料中，形成具有纹理特征的包装材料。例如，造纸时在白色纸浆中掺入类似于发丝的短细黑色、彩色和有色荧光纤维等，造出的纸内部具有清晰、随机分布的纤维。另一种是在包装材料形成后或在生产防伪产品的工序中，加入复合纹理材料，最终形成防伪产品的纹理分布特征。例如，一些企业在生产防伪标签或防伪包装等产品时，会在最后覆膜时在覆膜胶水中加入纤维，利用透明膜的复合，把纤维纹理复合到防伪产品中，这种纹理具有明显的凹凸感，边缘具有一定的空隙，并非印刷导致的效果，较易识别且真实可信[15]。

但现有的纹理防伪技术方面的研究主要针对如何高效生产纹理防伪标签和自动识别技术。陈明发提出了烫印技术[16]、撒纤印刷技术[17]、数字化防伪纸[18]，利用这些技术可快速高效地生产纹理防伪标签、缩短生产时间，并增强其美观性，便于鉴别。但是这些标签鉴别方法存在以下不足：纹理条纹比较细小，且鉴别时需要打电话或发短信咨询防伪公司，使得鉴别比较困难复杂；当生成纹理防伪标签较多时，原始纹理照片需占据大量的数据库存储空间。

1.2.4 安全线防伪纸

安全线防伪纸又称为具有防假线的防伪纸。它是在抄纸阶段，利用特殊装置或特殊工艺和手段，将安全线（一条由金属、塑料或其他特殊物质制成的线）嵌入纸页中特定位置的一种防伪纸[19]。由于安全线和纸页的颜色不一致以及安全线的特殊性，从而达到防伪效果。目前有两种安全线的制作方式：一种是将安全线完全埋入纸张中；另一种是安全线间隔埋入纸张中和间隔露出纸张表面，称为开窗安全线[20]。安全线防伪纸的种类很多，有荧光、磁性、全息、镂空、缩微文字等，材料有聚酯、金属等[21]。安全线防伪纸是各国钞票防伪研究和应用的重点，如英国采用的开窗式透射安全线、沉浮式安全线，法国研制的部分镀铝工艺的安全线，芬兰则采用荧光安全线等[22]。

安全线的防伪指数较高，一般造假者不容易模仿制造安全线防伪纸，因为生产该纸种的设备投资较大，且生产工艺比较复杂，其安全线本身的制造过程也具有较高的技术含量，有的安全线并不是单纯的一种技术所能完成，有的安全线所记录的信息具有很高的专业特性，因此它是一种较为可靠安全的防伪技术[23]。由于其辨别简单、可靠安全，因此，在纸币的制造过程中，世界各国几乎都采用了安全线防伪纸技术。目前安全线的发展方向是新材料的开发，以及与其他高新技术的结合[24]。

1.2.5　与互联网结合的纹理防伪

与互联网结合的纹理防伪属于较先进的第五代防伪技术，它集数据库存储、数码印刷、信息查询等多种技术于一体[25]，利用现代印刷技术把具有清晰随机纹理的材料制成一枚枚适合在单件商品外包装上粘贴的防伪标签，最后再通过通信、互联网等技术进行查询。相较于传统的防伪理论，纹理防伪标签让造假者无法仿制，且具有唯一性，同时它针对智能手机等现代新型技术，在纹理防伪的基础上与网络、通信结合，便于消费者查询辨别。这使得纹理防伪成为近年来产生和发展的新型防伪技术[26]。

1.3　防伪技术的要求

（1）身份唯一性：防伪技术产品防伪识别特征的唯一性和不可转移性。例如，数码防伪技术要做到一件商品的防伪标识包含一个身份码，每一个防伪标识只能一次性使用，不能转移使用。

（2）稳定期：在正常使用条件下，防伪技术产品的防伪识别特征可持续保持的最短时间。例如，荧光油墨和温变油墨都有衰减期。

（3）安全期：在正常使用条件下，防伪技术产品防伪识别特征被成功仿制的最短时间。这是客户最关心的，应由厂家提出承诺期。

（4）防伪力度：识别真伪、防止假冒伪造功能的持久性与可靠程度。防伪力度由防伪识别特征的数量、防伪技术独占性的数量、仿制难度和仿制成本大小四要素构成。

（5）使用适应性：防伪技术产品的防伪识别特征能与标的物或服务对象使用要求相适应的能力。

（6）识别性能：防伪技术产品的防伪识别特征能通过感官或机器（仪器）在要求的识别时间内正确识别。一线识别强调防伪识别特征的大众共知性，通过感官即能识别；二线识别强调通过简单仪器（如放大镜、激光笔、紫外荧光鉴别器等）即能识别；三线识别强调通过专用仪器（如 DNA 鉴定）由专家识别，可作为司法判定的依据。二线识别与三线识别强调防伪识别特征的隐含性。

（7）使用环境要求：防伪技术产品的防伪性能应能满足标的物的正常使用环境要求。

（8）技术安全保密性：设计、制作防伪技术产品的技术应具有安全保密性。除此之外还应考虑经济成本适应性，即在满足防伪技术要求同时应尽可能降低使用成本。

1.4　防伪标签的自动识别技术

随着网络技术的发展，自动识别在防伪技术中的地位显得愈发重要。其实质是给每一件产品分配一个内含防伪码的防伪标识，随着产品一起流动，同时该防伪码在防伪数据中心留有存档，消费者可以通过防伪查询网络系统的各种多媒体终端进行实时查询，以判定产品的真伪。消费者购得商品后可以用各种终端（智能手机、计算机等）将防伪标识信息传至验证终端进行验证，验证终端一方面将验证结果反馈给消费者，另一方面也将验证结果传至网络管理中心，该管理中心再向本中心的所有其他终端以及网络控制中心传输。若所验证商品为真品，再反馈给消费者后，该商品数据即从数据库中消除。自动识别技术融合传统的密码验证原理，以一种新的视角对待防伪领域所面临的困难，为生产企业和广大消费者提供跟踪服务，能防止大批量假冒产品的出现，创造一个全民打假的局面。

此处以纹理防伪的自动识别为例，浅析现有的自动识别方法。文献［27，28］中分别使用二维码技术、条形码技术与纹理防伪标签相结合，可以自动下载获取原始纹理防伪标签图像，简化鉴别步骤。但是通过二维码、条形码扫描获取纹理图像时，纹理图像下载速度慢，耗时较长，并且由于二维码和条形码的平面印刷，导致其不能很好地保护防伪信息，易于被复制仿造。Tuyls 提出了一种基于 RFID 标签的自动鉴别技术[29]，其效果虽然很好，但当纹理防伪标签较多时，投入成本较大。因此，纹理防伪标签的自动识别仍是一个难题，目前几乎没有有效的算法公布。

1.5　特征提取在图像识别中的发展

特征向量的提取在图像的识别中应用越来越广泛，越来越多的国际学者参与进来，并在人脸识别、数字水印等技术方面起着重要作用。国际学术界也越来越多地重视图像变换域特征向量提取技术的研究，在很多国际期刊及学术会议上都发表了这方面的研究进展。近年来国内外学者针对图像特征向量做了很多研究。

1962 年，Wilks 建立了经典的 Fisher 准则[30]，其算法主要基于局部考虑的特征提取，大多应用于图像的识别。刘瑞祯、谭铁牛[31]提出了通过奇异值分解得到图像的特征向量。2002 年，Bas 通过 Harris 检测器提取图像的特征向量[32]。2011 年，T. Celik[33]首先利用 DWT 对图像进行多分辨率分析得到特征向量，并通过主成分分析降低特征向量的维度。Sift[34,35]、PCA[36,37] 和 SVM[38]等方法都被用于特征向量的提取，所提取的特征向量抗攻击能力都较好，但是提取过程耗时较长。借助 DCT 的良好特性，楼偶俊等[39]在 DCT 域找到图像的一个具有鲁棒性的特征向量[40]，通过 DCT 变换后的低中频系数得到特征向量。刘连山[41]通过小波变换提取出彩色图像的特征向量。Chen[42]通过分解和改变傅里叶变换后的相位值和幅度值来得到图像特征向量。2006 年，Swaminathan 等人[43]通过傅里叶－梅林变换得到图像的特征向量，利用 DFT 变换提取出特征向量，该特征向量对几何攻击具有较好的鲁棒性，但是算法计算过程比较复杂，效率低下。

考虑到纹理防伪标签自动识别算法所要求的实时性和鲁棒性，本书利用图像识别中不可或缺的特征提取技术，提出了基于变换域的纹理防伪标签自动识别算法。

1.6 本书的主要研究工作

本书根据当下市场纹理防伪技术的不足，着重解决其实际查询耗时长、效率低、对网速要求高，在光线不足或视力不佳的情况下识别比较困难且不够智能化等缺点。受 Kutter 等人[44]基于第二代水印算法的启发，利用图像变换域的特征向量来实现纹理防伪的自动鉴别技术。

（1）提出了基于变换域的纹理防伪标签自动识别算法。通过将纹理防伪图像转换到变换域中进行特征向量的提取，可以得到一组容量仅为 32bit 的特征向量。将特征向量存储至数据库中，当消费者进行查询时，只需要用智能手机等移动终端拍摄下纹理防伪标签进行验证即可，方便快捷，有较好的鲁棒性，且缩小了占用数据库的存储空间。

（2）提出了基于压缩域的纹理防伪标签自动识别算法。通过使用压缩域来进行纹理防伪图像的特征向量提取，特征向量有较好的稳定性，有较好的识别率。

2 纹理防伪标签自动识别算法的基础理论

2.1 离散余弦变换（DCT）

DCT 不仅具较快的运算速度、较高的精度，且在数字信号处理器中很容易实现。它在提取特征成分及运算速度方面有着最佳的平衡，在图像处理阶段具有十分重要的地位。

1. 一维 DCT 及逆变换

$f(x)$ 的 DCT 公式为

$$F(k) = c(v) \sum_{n=0}^{N-1} f(n) \cos \frac{\pi(2n+1)k}{2N} \qquad (2.1)$$

逆变换公式为

$$f(n) = \sum_{k=0}^{N-1} c(v) F(k) \cos \frac{\pi(2n+1)k}{2N} \qquad (2.2)$$

其中，

$$k = 0,1,\cdots,N-1; n = 0,1,\cdots,N-1; v = 0,1,\cdots,N-1;$$

$$c(v) = \begin{cases} \sqrt{1/N} & v = 0 \\ \sqrt{2/N} & v = 1,2,\cdots,N-1 \end{cases}$$

2. 二维 DCT 及其逆变换

二维 DCT 公式为

$$F(u,v) = c(u)c(v) \sum_{x=0}^{M-1} \sum_{y=0}^{N-1} f(x,y) \cos \frac{\pi(2x+1)u}{2M} \cos \frac{\pi(2y+1)v}{2N} \qquad (2.3)$$

其中，　　　　$u = 0,1,\cdots,M-1; v = 0,1,\cdots,N-1;$

$$c(u) = \begin{cases} \sqrt{1/M} & u = 0 \\ \sqrt{2/M} & u = 1,2,\cdots,M-1 \end{cases} \qquad c(v) = \begin{cases} \sqrt{1/N} & v = 0 \\ \sqrt{2/N} & v = 1,2,\cdots,N-1 \end{cases}$$

逆变换公式为

$$f(x,y) = \sum_{u=0}^{M-1} \sum_{v=0}^{N-1} c(u)c(v)F(u,v)\cos\frac{\pi(2x+1)u}{2M}\cos\frac{\pi(2y+1)v}{2N} \quad (2.4)$$

其中，$\qquad x = 0,1,\cdots,M-1; y = 0,1,\cdots,N-1$

参照上述理论可知，DCT 的系数符号和分量的相位有关。

图 2.1 是 Lena 图像进行 DCT 后的结果。仔细观察图 2.1（b）看出，其左上角区域较亮，很好地说明了能量大部分存在于低频区域，即在 DCT 后的低频部分存在图像的大部分特征。

（a）原始图像　　　　　　　　（b）频域图像

图 2.1　图像 DCT 的效果

目前，DCT 用于图像编码时广泛使用 JPEG 压缩和 MPEG – 1/2 标准。DCT 是在最小均方差条件小得出的仅次于 K – L 变换的次最佳正交变换，是一种无损的酉变换。它运算速度快、精度高，以提取特征成分的能力和运算速度之间的最佳平衡而著称。

2.2　离散傅里叶变换（DFT）

标准傅里叶变换于 1807 年被一位叫做傅里叶的法国数学家和物理学家提出，它将信号的分析由时间域转换到了频率域。频率域反映了图像在空域灰度变化的剧烈程度，也就是图像灰度的变化速度，或者说就是图像的梯度大小。在频率域中，频率越大说明原始信号变化速度越快；频率越小说明原始信号越平缓；当频率为 0 时，表示直流信号，没有变化。因此，频率的大小反应了信号的变化快慢。高频分量解释信号的突变部分，某些情况下指图像的边缘信息，某些情况下又指噪声，更多的是指两者的混合；而低频分量决定信号的整体形象，指图像变化平缓的部分，也就是图像轮廓信息。也就是说，傅里叶变换提供了观察图像的另外一个角度，可以将图像从灰度分布转化到频率分布上来观察图像的特征。

（1）一维 DFT 及逆变换。

设 $f(x)$ 为 x 的函数，如果 $f(x)$ 满足狄里赫莱条件：有限个间断点、有限个极点、绝对可积，那么，$f(x)$ 的傅里叶变换公式为

$$F(u) = \sum_{x=0}^{N-1} f(x) \mathrm{e}^{-\mathrm{j}2\pi ux/N}, u = 0,1,\cdots,N-1 \qquad (2.5)$$

逆变换公式为

$$f(x) = \frac{1}{N} \sum_{u=0}^{N-1} F(u) \mathrm{e}^{\mathrm{j}2\pi ux/N}, x = 0,1,\cdots,N-1 \qquad (2.6)$$

其中，x 为时域变量；u 为频域变量。

（2）二维 DFT 及逆变换。

若 $f(x,y)$ 满足狄里赫莱条件，则二维 DFT 公式为

$$F(u,v) = \sum_{x=0}^{M-1} \sum_{y=0}^{N-1} f(x,y) \mathrm{e}^{-\mathrm{j}(2\pi/M)xu} \mathrm{e}^{-\mathrm{j}(2\pi/N)yv} \qquad (2.7)$$

其中，　　　　$u = 0,1,\cdots,M-1; v = 0,1,\cdots,N-1$

逆变换公式为

$$f(x,y) = \frac{1}{MN} \sum_{u=0}^{M-1} \sum_{v=0}^{N-1} F(u,v) \mathrm{e}^{\mathrm{j}(2\pi/M)xu} \mathrm{e}^{\mathrm{j}(2\pi/N)yv} \qquad (2.8)$$

其中，　　　　$x = 0,1,\cdots,M-1; y = 0,1,\cdots,N-1$

$F(u,v)$ 称为 $f(x,y)$ 的二维 DFT 系数。

为了进一步理解二维离散傅里叶变换后频率域成分分布情况，以 Lena 图像为例，Matlab 仿真实验效果图如图 2.2 所示。

（a）原始图像　　　　　　（b）变换后的图像　　　　　（c）换位后图像

图 2.2　二维 DFT 的实验效果

在分析图像信号的频率特性时，对于一幅图像，直流分量表示预想的平均灰度，低频分量代表了大面积背景区域和缓慢变化部分，高频部分代表了它的边缘、细节、跳跃部分以及颗粒噪声。

DFT 的很多特性便于用来处理图像。表 2.1 给出了它的一些主要性质。

表 2.1　DFT 的主要特性

性质	空域	频域
加法定理	$f(x,y) + g(x,y)$	$F(u,v) + G(u,v)$
位移定理	$f(x-a, y-b)$	$e^{-j2\pi(au+bv)} F(u,v)$
相似性定理	$f(ax, by)$	$\dfrac{1}{\mid ab \mid} F\left(\dfrac{u}{a}, \dfrac{v}{b}\right)$
可分离乘积	$f(x)g(y)$	$F(u)G(v)$
微分	$\left(\dfrac{\partial}{\partial x}\right)^m \left(\dfrac{\partial}{\partial y}\right)^n f(x,y)$	$(j2\pi u)^m (j2\pi v)^n F(u,v)$
旋转	$f(x\cos\theta + y\sin\theta, -x\sin\theta + y\cos\theta)$	$F(u\cos\theta + v\sin\theta, -u\sin\theta + v\cos\theta)$
拉普拉斯变换	$\nabla^2 f(x,y) = \dfrac{\partial^2}{\partial x^2} + \dfrac{\partial^2}{\partial y^2} f(x,y)$	$-4\pi^2 (u^2 + v^2) F(u,v)$

2.3　离散小波变换（DWT）

S. Mallat 于 1988 年提出的小波变换（DWT）[45—48]，是近几年兴起的一个新的信号分析理论，它是一种"时—频"分析方法，其基本思想是以小波函数 $\psi_{a,b}(t)$ 为基底，对信号 $f(t)$ 进行分解。

$$Wf_{a,b} = \int_R f(t) \overline{\psi}_{a,b}(t) \,\mathrm{d}t \tag{2.9}$$

其中小波函数 $\psi_{a,b}(t)$ 是由同一基底函数 ψ 经平移、伸缩而得到的一组函数。

$$\psi_{a,b}(t) = \mid a \mid^{-1/2} \psi((t-b)/a) \quad a,b \in R, a \neq 0 \tag{2.10}$$

ψ 称为基小波，a 称为伸缩因子，b 称为平移因子。

1. DWT 的特性

对于任意 $x(t), x_1(t), x_2(t) \in L^2(R)$，有下列性质。

（1）线性。

设 $x(t)$ 的 DWT 是 $WT_x(a,b)$，$y(t)$ 的 DWT 是 $WT_y(a,b)$，则有

$$Ax(t) + By(t) = AWT_x(a,b) + BWT_y(a,b) \tag{2.11}$$

其中，A、B 为任意的实常数。

（2）移位不变性。

设 $x(t)$ 的 DWT 是 $WT_x(a,b)$ ，那么

$$x(t - b_0) \Leftrightarrow AW_x(a, b - b_0) \tag{2.12}$$

（3）尺度变换性。

设 $x(t)$ 的 DWT 是 $WT_x(a,b)$ ，那么

$$\frac{1}{\sqrt{\lambda}}x\left(\frac{1}{\lambda}\right) \Leftrightarrow WT_x\left(\frac{a}{\lambda}, \frac{b}{\lambda}\right) \tag{2.13}$$

其中，$\lambda \in R^*$ ，$1/\sqrt{\lambda}$ 维持信号能量不变。

（4）能量守恒定律。

$$\int_{-\infty}^{+\infty} |x(t)|^2 \mathrm{d}t = \frac{1}{C_\psi} \int_{-\infty}^{+\infty} \int_{-\infty}^{+\infty} |WT_x(a,b)|^2 \frac{\mathrm{d}a\mathrm{d}b}{a^2} \tag{2.14}$$

若有 $y(t) \in L^2(R)$ 和 $W_y(a,b)$ ，那么

$$\int_{-\infty}^{+\infty} x^*(t)y(t)\mathrm{d}t = \frac{1}{C_\psi} \int_{-\infty}^{+\infty} \int_{-\infty}^{+\infty} WT_x^*(a,b)WT_y(a,b) \frac{\mathrm{d}a\mathrm{d}b}{a^2} \tag{2.15}$$

（5）相似性与消失矩。

通过伸缩参数和平移参数，一个小波能够得到一个小波族，且它们彼此自相似，这通常要求小波有消失矩的特性

$$\int_{-\infty}^{+\infty} tk\psi(t)\mathrm{d}t = 0, k = 0, \quad 有 \int_{-\infty}^{+\infty} \psi(t)\mathrm{d}t = 0 \tag{2.16}$$

2. 小波的多分辨分析与 Mallat 算法

小波的多分辨分析与 Mallat 算法具备以下条件。

一致单调性：$V_j \subset V_{j+1}, j \in Z$

渐进完全性：$\bigcap_{j \in Z} V_j = \{0\}$ ，$\overline{\bigcup_{j \in Z}} V_j = L^2(R)$

伸缩性：$x(t) \in V_j \Leftrightarrow x(2t) \in V_{j+1}, j \in Z$

平移不变性：$x(t) \in V_j \Leftrightarrow x(t - k) \in V_j, j, k \in Z$

Reisz 基存在性：存在 $\varphi(t) \in V_0$ 使得 $\{\varphi(t-k)\}_{k \in Z}$ 是 V_0 的 Reisz 基，即

$$V_0 = \mathrm{span}\{\varphi(t-k), k \in Z\} \tag{2.17}$$

且有 $0 < A \leqslant B < \infty$ ，对任意序列 $\{a_n\}_{n \in Z} \in l^2$ ，有

$$A \sum_{n} \mid a_n \mid^2 \leqslant \left\| \sum_{n} a_n \varphi(t-n) \right\|^2 \leqslant B \sum_{n} \mid a_n \mid^2 \tag{2.18}$$

Mallat[48,49]分解算法公式为

$$c_{j+1,k} = \sum_{n \in Z} c_{j,n} \overline{h}_{n-2k}, \quad k \in Z \tag{2.19}$$

$$d_{j+1,k} = \sum_{n \in Z} c_{j,n} \overline{g}_{n-2k}, \quad k \in Z$$

Mallat 重构算法公式为

$$c_{j,k} = \sum_{n \in Z} c_{j+1,n} h_{k-2n} + \sum_{n \in Z} d_{j+1,n} g_{k-2n}, \quad k \in Z \tag{2.20}$$

3. 二维 DWT

对图像做小波变换，即把其变换为空间及频率均有差异的下列频带，即水平、垂直、斜角子带，分别表示为 HL、LH 及 HH。如果要做多层次的分解，则将是在 LL 上重复做此变换。Lena 图像经过两级分解后的结果见图 2.3。

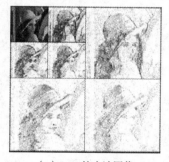

（a）Lena的小波图像　　　　　　（b）子带结构

图 2.3　Lena 的两级小波分解

仔细观察发现 Lena 小波分解后，很大部分的能量集中在 LL 中，因此称其是逼近子图。

2.4　均值感知哈希算法

感知哈希（Perceptual Hashing），是对媒体数据集到感知摘要集的一类单向映射，即将具有相同感知内容的多媒体数据表示唯一地映射为一段数字摘要，并满足感知鲁棒性和安全性[50]。感知哈希的研究起源于数字图像水印技术，其中参考了多媒体认证领域与传统密码学哈希的概念和理论[51]，为多媒

体数字内容的标识、检索、认证等应用提供了安全可靠的技术支撑[52]，并逐渐成为多媒体信号处理与多媒体安全及相关领域的研究热点，已经在近几年成为一个新兴的热门方向[51]。

感知哈希与传统哈希的本质区别在于两点：第一，感知哈希融入了人的主观感知，因此它不是完全客观的，而是带有人的主观感觉；第二，感知哈希允许一定的失真，因此不具有传统哈希函数的高敏感性。感知哈希为多媒体内容和版权保护提供了可靠的技术支撑。

2001 年 Kaller 等[53]在一篇关于数字水印的文章中首次提及"感知哈希"，运用"感知"来强调感知哈希关注的是感知相似性，并明确指出感知哈希函数的特征：感知哈希能够将大数据量的多媒体对象映射为长度较小的比特序列，并将感知相近的媒体对象映射成数学相近的哈希值。现有的感知哈希算法大多遵循三部流程[54]，其中最具有挑战性的一个环节就是特征提取[55]，具体过程如图 2.4 所示。

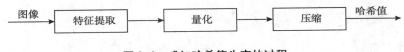

图 2.4　感知哈希值生产的过程

与传统哈希技术相比较，感知哈希技术在性能特征及其应用上具有几个方面的优势：感知鲁棒性、抗碰撞性、单向性、摘要性等[56]。根据文献[57,58]，对感知哈希的一些性能进行如下描述。

设 I 表示一幅图像，I_{sim} 表示的是一幅与 I 相似的图像，I_{dif} 表示的是感知内容与 I 不同的图像；h 表示由图像 I 提取的长度为 q 位的二进制感知哈希值，其获取公式为 $h = PH(I)$；$Pr(\ )$ 表示求取概率；给定两个参数值 θ_1 和 θ_2，且满足 $0 < \theta_1, \theta_2 < 1$。则感知哈希主要特性表示如下。

（1）感知鲁棒性：感知内容相同或相近的图像应该可以映射出相同或相近的感知哈希值。

$$Pr[PH(I) = PH(I_{sim})] \geqslant 1 - \theta_1 \qquad (2.21)$$

（2）抗碰撞性：感知内容不同的图像应该不能映射出相同或相近的感知哈希值。这表示感知哈希算法具有区分感知内容差别的能力。

$$Pr[PH(I) \neq PH(I_{dif})] \geqslant 1 - \theta_2 \qquad (2.22)$$

（3）单向性：由图像可以算出感知哈希值，但是由感知哈希值不能反推

出图像的感知内容，即 $I \Rightarrow h$，但是

$$\Pr[PH(I) = v] \approx \frac{1}{2^q}, \forall v \in \{0,1\}^q \tag{2.23}$$

（4）摘要性：满足以上特性的前提条件下，感知哈希值 q 的长度应该尽量地小。

每张图像都可以看作一个二维信号，它包含了不同频率的成分，亮度变化小的区域是低频成分，它描述大范围的信息；而亮度变化剧烈的区域（比如物体的边缘）就是高频的成分，它描述具体的细节。或者说高频可以提供图像详细的信息，而低频可以提供一个框架。一张大且详细的图像有很高的频率，而小图像缺乏图像细节，所以都是低频的。平时缩小图像的过程，实际上是损失高频信息的过程。

图像感知技术因其具有的优点，将在多媒体信息的安全、检索和认证研究中越来越受到重视。图像感知哈希的生成算法一般划分成四大类：基于统计特性、基于图像的粗略表示、基于变换系数的关系和基于图像底层特征关系。图像哈希技术可以将任意分辨率的图像数据转化为几百或几千比特的二进制序列，对于大量数据库的图像检索来说，这就意味着极大地减少了搜索的时间，也降低了存储图像的介质成本，其鲁棒性的特点保证了它可以抵抗多种不同的攻击，可以应用于图像的检索和认证，为图像版权的保护提供了可能[59]。

感知哈希算法是哈希算法的一类，主要用来做相似图像的搜索工作。图像感知哈希是一门新兴技术，它通过对图像感知信息的简短摘要和基于摘要的匹配，来支持图像的认证和匹配，具有广泛的应用前景。通俗来说，就是通过一定的算法计算出图像的哈希值，然后利用哈希值进行图像识别。它运算速度快、精度高。

感知哈希算法提取哈希值步骤如下。

（1）将图像转化为 8×8 级灰度。

（2）计算 8×8 个像素的灰度平均值。

（3）将每个像素的灰度与平均值进行比较。大于或等于平均值，记为 1；小于平均值，记为 0。

（4）将上一步的比较结果组合在一起，就构成了一个 64 位的整数，这就是这张图的哈希值，组合的次序并不重要，只要保证所有图像都采用同样次序就行了。

2.5　数字图像处理的重要参数

1. 峰值信噪比

峰值信噪比的公式为

$$PSNR = 10\lg\left[\frac{MN \max\limits_{i,j}\left[I(i,j)\right]^2}{\sum\limits_i \sum\limits_j \left[I(i,j) - I'(i,j)\right]^2}\right] \tag{2.24}$$

设图像每点的像素值为 $I(i,j)$，图像的平均像素值为 $I'(i,j)$，为方便运算，通常数字图像用像素方阵表示，即 $M = N$。峰值信噪比是一个表示信号最大可能功率和影响它的表示精度的破坏性噪声功率的比值的工程术语，通常采用峰值信噪比作为纹理图像质量的客观评价标准。

2. 归一化相关系数

归一化相关系数的公式为

$$NC(n) = \frac{V(n)V'}{V^2(n)} \tag{2.25}$$

其中，$V(n)$ 表示第 n 个原始纹理图像的特征向量，其长度是 32bit；V' 表示待测纹理图像的特征向量，也是 32bit。

归一化相关系数是对两幅图像进行相似度衡量的一种方法，通过求归一化相关系数可以更加精确地用数据来客观评估图像的相似度。

2.6　小结

本章首先介绍了余弦变换、傅里叶变换和小波变换，包括它们的离散变换公式及其性质，并从应用角度介绍了均值感知哈希。最后介绍了两个数字图像处理的重要参数。本章为纹理防伪标签自动识别算法的设计和分析奠定了理论基础。

3 基于变换域的纹理防伪标签自动识别算法

3.1 引言

假冒伪劣商品严重危害消费者的合法权益，严重破坏整个社会经济运行的规则，是个严肃的社会和政治问题。防伪技术是一种用于识别真伪并防止假冒、仿造行为的技术手段。从技术特征和功能进化角度划分，目前防伪技术可以分为以下五代产品：激光标签、查询式数码防伪标签、纹理防伪标签、安全线防伪纸及其应用产品和手机互联网防伪技术。其中，纹理防伪属于第三代防伪技术，因其极难伪造、先查后买、查询结论准确可靠的优点得到大家的喜爱。

目前对纹理防伪标签的鉴别方法主要分为感官鉴别和查询真伪。感官鉴别方法就是用人眼观察防伪纸内的纤维丝或用手挑出防伪纸内的纤维丝来辨别真伪。查询真伪方法包含：登录互联网、手机应用或发送短信，输入序列号得到对应的防伪标签图像，人眼进行比对来鉴别真伪；电话客服咨询来鉴别；利用手机扫描二维码得到防伪标签图像，然后人眼比对来鉴别。

上述纹理防伪方法在实际应用中存在以下不足之处。①需要人工比对。无法实现防伪标签的自动鉴别，而是要用人眼来进行人工比对，这在光线不足和视力不佳的情况下比较困难。②纹理照片占据的数据库容量大。企业在生产纹理防伪标签时，要对每个标签进行拍照，把照片存放在数据库中。当防伪企业生产的纹理防伪标签较多时，要占据大量的存储空间。③纹理图像下载速度慢。在进行纹理防伪标签比对时，用户先要从网上下载清晰的纹理照片，这样耗时较长。

为此，常规的纹理防伪技术，在鉴别的智能化、快速性和所占存储空间方面都存在一定的缺陷。特别是自动鉴别的智能化算法研究，目前尚未见到公开报道。而在实际应用中，智能纹理防伪技术是发展趋势，鉴别方式智能化势在必行。

3.2 基于 DCT 的纹理防伪标签自动识别算法

3.2.1 防伪标签特征向量库的建立与标签的自动识别

1. 纹理图像视觉特征向量的选取方法

目前大部分纹理图像鉴别方法查询时需要输入序列号，二维码扫描时对网速要求比较高，接收到纹理图像在光线不足、视力不佳的情况下鉴别比较困难，耗时很长，查询效率很低。如果能够找到反映图像几何特点的视觉特征向量，那么当图像发生小的几何变换时，该图像的视觉特征值不会发生明显的突变，就可以通过视觉特征向量的比对鉴别纹理图像，从而鉴别物品的真伪。Hayes 研究表明对图像特征而言，相位比幅值更重要。经过对大量的全图 DCT 数据（低中频）观察，我们发现，当对一个纹理图像进行常见的几何变换时，低中频系数的大小可能发生一些变化，但其系数符号基本保持不变。我们选取一些常规攻击和几何攻击后的实验数据如表 3.1 所示，选取一些局部非线性几何攻击后的实验数据如表 3.2 所示，用作测试的原始纹理图像（128×128dpi）如图 3.1（a）所示。表中第 1 列显示的是纹理图像受到攻击的类型，受到常规攻击后的纹理图像见图 3.1（b）至图 3.1（d），受到几何攻击后的纹理图像见图 3.1（e）至图 3.1（i），受到局部非线性几何攻击后的纹理图像见图 3.1（j）至图 3.1（o）。表中第 3 列至第 9 列是在 DCT 系数矩阵中选取的 F_D（1，1）~ F_D（1，7）共 7 个低中频系数。其中系数（1，1）表示纹理图像的直流分量值。对于常规攻击，这些低中频系数基本保持不变，和原始纹理图像值近似相等。对于几何攻击，部分系数有较大变化，但是我们可以发现，纹理图像在受到几何攻击时，部分 DCT 低中频系数的大小发生了变化但其符号没有改变。我们将正的 DCT 系数用"1"表示（含值为零的系数），负的系数用"0"表示，那么对于原始纹理图像来说，DCT 系数矩阵中的 F_D（1，1）~ F_D（1，7）系数对应的系数符号序列为"1001010"，如表 3.1 和表 3.2 的第 10 列所示。观察该列可以发现，无论常规攻击、几何攻击还是局部非线性几何攻击，该符号序列和原始纹理图像能保持相似，与原始纹理图像的归一化相关系数都较大，如表 3.1 和表 3.2 第 11 列所示（方便起见这里取了 7 个 DCT 系数符号）。

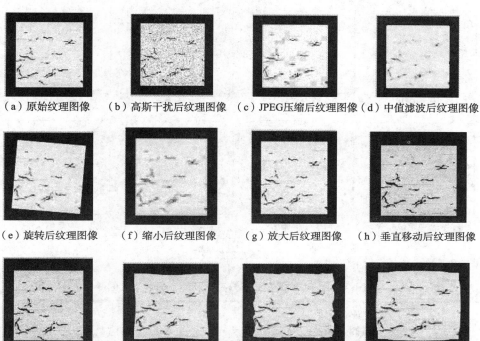

（a）原始纹理图像　　（b）高斯干扰后纹理图像　（c）JPEG压缩后纹理图像（d）中值滤波后纹理图像

（e）旋转后纹理图像　　（f）缩小后纹理图像　　（g）放大后纹理图像　　（h）垂直移动后纹理图像

（i）剪切后纹理图像　　（j）挤压扭曲后纹理图像　（k）波纹扭曲后纹理图像　（l）球面扭曲后纹理图像

（m）旋转扭曲后纹理图像　　　（n）水波扭曲后纹理图像　　　（o）波浪扭曲后图像

图3.1　纹理图像的常见攻击

　　为了进一步证明全图 DCT 系数符号序列是属于该图的一个视觉重要特征，又把不同的测试图像进行全图 DCT，如图 3.2（a）至图 3.2（h）所示，得到对应的 DCT 系数 F_D（1，1）~ F_D（4，8），并且求出每个纹理图像变换系数符号序列之间的相关系数，计算结果如表 3.3 所示。

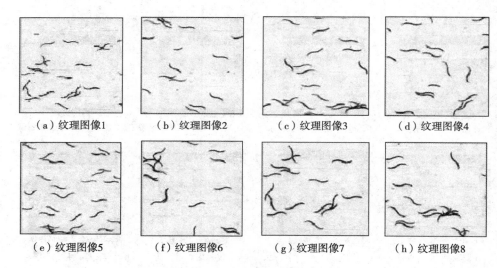

（a）纹理图像1	（b）纹理图像2	（c）纹理图像3	（d）纹理图像4
（e）纹理图像5	（f）纹理图像6	（g）纹理图像7	（h）纹理图像8

图 3.2　不同的纹理图像

表 3.1　图像全图 DCT 低中频部分系数及受不同攻击后的变化值

图像操作		$PSNR/$ dB	F_D (1，1)	F_D (1，2)	F_D (1，3)	F_D (1，4)	F_D (1，5)	F_D (1，6)	F_D (1，7)	系数符号序列	相关度
常规攻击	原图（带黑框）	42.14	73.69	-0.52	-25.34	0.26	-19.79	0.48	-11.69	1001010	1.0
	JPEG 压缩（5%）	23.00	75.05	-0.65	-25.29	0.38	-19.96	0.60	-11.65	1001010	1.0
	高斯干扰（3%）	18.02	73.03	-0.53	-22.59	0.11	-17.65	0.46	-10.46	1001010	1.0
	中值滤波（3×3）	23.43	74.73	-0.33	-25.88	0.25	-20.08	0.24	-11.90	1001010	1.0
几何攻击	垂直移动（5pix）	11.55	66.56	-0.77	-24.09	0.45	-18.97	0.61	-11.21	1001010	1.0
	旋转（顺时针5°）	13.32	73.53	-0.57	-25.76	0.26	-19.47	0.35	-10.78	1001010	1.0
	剪切（Y轴4%）	13.74	63.89	-0.82	-23.11	0.49	-18.23	0.62	-10.74	1001010	1.0
	缩放（×0.5）		36.84	-0.26	-12.67	0.13	-9.90	0.24	-5.85	1001010	1.0
	缩放（×2.0）		147.38	-1.05	-50.68	0.52	-39.59	0.96	-23.38	1001010	1.0

从表3.3可以看出，不同纹理图像的符号序列相差较大，相关度较小，远小于0.5。这更加说明 DCT 系数符号序列可以反映该纹理图像的主要视觉特征。当纹理图像受到一定程度的常规攻击、几何攻击和局部非线性几何攻击后，该向量基本不变，这也符合 DCT"有很强的提取图像特征"的能力。

表3.2　图像受局部非线性几何攻击后DCT中低频部分系数的变化值

原始图像和所受局部几何攻击	PSNR/dB	部分系数							系数符号序列	相关度
		F_D (1, 1)	F_D (1, 2)	F_D (1, 3)	F_D (1, 4)	F_D (1, 5)	F_D (1, 6)	F_D (1, 7)		
原图（带黑框）	42.14	73.69	−0.52	−25.34	0.26	−19.79	0.48	−11.69	1001010	1.0
挤压扭曲（数量30%）	15.59	68.21	−0.51	−24.80	0.49	−20.19	0.45	−10.50	1001010	1.0
波纹扭曲（数量100%）	17.91	70.68	−0.61	−24.86	0.29	−19.33	0.72	−11.23	1001010	1.0
球面扭曲（数量20%）	14.16	75.02	−0.85	−24.17	0.23	−18.46	0.61	−11.95	1001010	1.0
旋转扭曲（角度30°）	19.07	70.66	−0.71	−24.83	0.50	−19.43	0.38	−11.36	1001010	1.0
水波扭曲（数量2%）	21.41	70.65	−0.47	−24.79	0.57	−19.50	0.49	−11.27	1001010	1.0
波纹扭曲（三角形）	12.04	70.80	−0.59	−24.36	0.31	−18.13	0.54	−10.04	1001010	1.0

表3.3　不同不带黑框纹理图像特征向量的相关系数（向量长度32bit）

	S_1	S_2	S_3	S_4	S_5	S_6	S_7	S_8
S_1	1.00	−0.08	0.10	−0.06	0.06	−0.09	0.13	−0.01
S_2	−0.08	1.00	−0.01	0.01	0.03	0.00	0.08	0.02
S_3	0.10	−0.01	1.00	0.08	0.08	−0.02	−0.05	0.09
S_4	−0.06	0.01	0.08	1.00	−0.01	0.00	−0.01	0.08
S_5	0.06	0.03	0.08	−0.01	1.00	0.13	−0.09	0.05
S_6	−0.09	0.00	−0.02	0.00	0.13	1.00	0.04	0.11
S_7	0.13	0.08	−0.05	−0.01	−0.09	0.04	1.00	0.06
S_8	−0.01	0.02	0.09	0.08	0.05	0.11	0.06	1.00

2. 算法

我们选取一个带黑框的纹理图像，是因为加黑色边框可以保证在几何变换时能量守恒（根据帕塞瓦能量守恒定理可知DCT能量守恒）。原始纹理图像记为 $F = \{f(i,j) \mid f(i,j) \in R; 1 \leqslant i \leqslant N_1, 1 \leqslant j \leqslant N_2\}$，$f(i,j)$ 表示原始纹理图像的像素灰度值。为了便于运算，我们假设 $N_1 = N_2 = N$。

（1）建立纹理特征数据库。

1）对每个原始的纹理图像进行全图DCT，得到原始纹理图像的视觉特征向量 $V(n)$。

先依次对每个原始纹理图像进行全图DCT，例如对第 n 个原始纹理图像

21

$F(i,j)$ 进行全图 DCT，得到 DCT 系数矩阵 $F_D(i,j)$，再从 DCT 系数矩阵 $F_D(i,j)$ 的低中频系数中取前 L 个值，并通过 DCT 系数符号运算得到该图像的视觉特征向量 $V(n)$。具体做法时，当系数值为正值和零时用 "1" 表示，系数为负值时用 "0" 表示，主要过程描述如下。

$$F_D(i,j) = \text{DCT2}[F(i,j)] \tag{3.1}$$

$$V(n) = \text{Sign}[F_D(i,j)] \tag{3.2}$$

2）将求出的这 N 个特征向量存放在纹理特征数据库中。

（2）图像自动鉴别。

1）用手机扫描待测纹理图像，并求出纹理图像的视觉特征向量 V'。设待测纹理图像为 $F'(i,j)$，经过全图 DCT 后得到 DCT 系数矩阵为 $FD'(i,j)$，按上述方法，求得待测纹理图像的视觉特征向量 V'。

$$F_D'(i,j) = \text{DCT2}[F'(i,j)] \tag{3.3}$$

$$V' = \text{Sign}[F_D'(i,j)] \tag{3.4}$$

2）求出所有 N 个原始纹理图像的视觉特征向量和待测纹理图像的视觉特征向量 V' 之间的归一化相关系数 $NC(n)$ [8]。

$$NC(n) = \frac{V(n)V'}{V^2(n)} \tag{3.5}$$

3）返回 $NC(n)$ 最大值到用户手机。

本算法与现有的纹理防伪技术相比有以下优点。①可以实现纹理真伪的自动鉴别。由于本算法基于 DCT 的智能纹理防伪技术，能够自动鉴别纹理图像，并且对于受到各种攻击后的纹理图像仍能提取正确的图像特征向量，实现自动鉴别，纹理特征向量提取方法有较强的抗常规攻击能力和抗几何攻击能力。②可以减小存放纹理图像的数据库容量。在数据库中，只存放图像的特征向量（32~64bit），从而减小了所需数据库的容量。③可以快速获取真伪鉴别结果。由于网上传输的只是待测纹理图像的特征向量和相关系数的值，因此网络传输速度加快。

3.2.2 实验结果

仿真平台是 Matlab 2010a，选择一个带黑框的纹理图像作为原始纹理图像，这里纹理图像的大小为 128×128 dpi。对应的全图 DCT 系数矩阵为 $F_D(i,j)$，

选择低中频系数 $Y(j)$，$1 \leqslant j \leqslant L$，第一个值 $Y(1)$ 代表图像的直流分量，然后按由低到高的频率顺序排列。为了取得较好的检测效果，我们选择中低频的 $4 \times 8 = 32$ 个系数作为特征向量 V，即 $L = 32$。选取的 DCT 系数矩阵为 $FD(i,j)$，$1 \leqslant i \leqslant 4$，$1 \leqslant j \leqslant 8$。通过图像特征向量提取算法提取出 V' 后，再计算 V 和 V' 的归一化相关系数 NC 来判断是否为原始的纹理图像。NC 作为防伪标签检测器的输出，可明显反映出防伪标签能否被识别。

在图像处理中使用最多的失真量度量指标是信噪比（SNR，Signal to Noise Ratio）或峰值信噪比（$PSNR$，Peak Signal to Noise Ratio）。它们的单位是 dB。反映图像质量的指标是峰值信噪比 $PSNR$，$PSNR$ 公式为

$$PSNR = 10\lg\left[\frac{MN \max\limits_{i,j}[I(i,j)]^2}{\sum\limits_{i}\sum\limits_{j}[I(i,j) - I'(i,j)]^2}\right] \quad (3.6)$$

其中，$I(i,j)$ 为图像每点的像素值，$I'(i,j)$ 为图像的平均像素值。

图 3.3（a）是不加干扰时的原始纹理图像，图 3.3（b）是不加干扰时相似度检测图像，可以看到 $NC = 1.00$，明显通过检测可以判断是原始的纹理图像。

（a）原始纹理图像

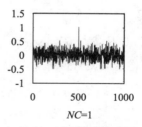
$NC=1$
（b）不加干扰时相似度检测

图 3.3 不加干扰时原始纹理图像和相似度检测

下面通过具体实验来判断该智能纹理防伪方法的抗常规攻击能力、抗几何攻击能力和抗局部非线性几何攻击能力。

1. 测试纹理防伪标签识别算法抗常规攻击的能力

（1）加入高斯噪声。

使用 imnoise（）函数在原始纹理图像中加入高斯噪声。图 3.4（a）是高斯噪声强度为 3% 时的原始纹理图像，在视觉上已很模糊；图 3.4（b）是相似

度检测，$NC = 1.00$，明显通过检测可以判断是原始纹理图像。表 3.4 是纹理图像抗高斯干扰时的检测数据。从实验数据可以看到，当高斯噪声强度高达 30% 时，纹理图像的 $PSNR$ 降至 8.85dB，这时提取的相关系数 $NC = 0.69$，仍能通过检测判断是原始纹理图像，这说明采用该算法有较好的抗高斯噪声能力。

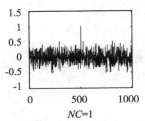

（a）加高斯干扰后的纹理图像　　　（b）加高斯干扰后相似度检测

图 3.4　纹理图像抗高斯干扰实验结果（高斯噪声强度 3%）

表 3.4　纹理图像抗高斯噪声干扰实验数据

噪声强度（%）	1	2	3	5	10	15	30
$PSNR$/dB	22.32	19.37	18.02	15.81	12.82	11.33	8.85
NC	0.94	0.94	1.00	0.94	0.88	0.88	0.69

（2）JPEG 压缩处理。

采用图像压缩质量百分数作为参数对纹理图像进行 JPEG 压缩。图 3.5（a）是压缩质量为 5% 的图像，该图已经出现方块效应；图 3.5（b）是相似度检测，$NC = 0.94$。表 3.5 为纹理图像抗 JPEG 压缩的实验数据。当压缩质量为 2% 时，仍然可以判断为原始纹理图像，$NC = 0.88$，这说明采用该算法有好的抗 JPEG 压缩能力。

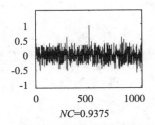

（a）JEPG 压缩后的纹理图像　　　（b）JEPG 压缩后相似度检测

图 3.5　纹理图像抗 JPEG 压缩实验结果（压缩质量为 5%）

表 3.5 纹理图像抗 JPEG 压缩实验数据

压缩质量（%）	2	5	10	20	30	40
$PSNR/\text{dB}$	21.58	23.00	24.85	26.91	28.55	29.46
NC	0.88	0.94	0.94	0.94	1.00	0.94

（3）中值滤波处理。

图 3.6（a）是中值滤波参数为（3×3）、滤波重复次数为 1 的纹理图像，图像已出现模糊；图 3.6（b）是相似度检测，$NC=0.88$，检测效果明显。表 3.6 为纹理图像抗中值滤波能力，从表中看出，当中值滤波参数为（7×7）、滤波重复次数为 10 时，仍然可以通过检测可以判断是原始纹理图像，$NC=0.69$。

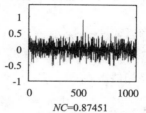

$NC=0.87451$

（a）中值滤波后的纹理图像　　　　（b）中值滤波后的相似度检测

图 3.6　纹理图像抗中值滤波实验结果［中值滤波参数为（3×3），重复次数为 1］

表 3.6　纹理图像抗中值滤波实验数据

中值滤波参数	中值滤波（3×3）			中值滤波（5×5）			中值滤波（7×7）		
滤波重复次数	1	5	10	1	5	10	1	5	10
$PSNR/\text{dB}$	23.43	22.03	21.78	21.53	20.38	19.99	20.89	19.27	18.15
NC	0.88	0.88	0.88	0.81	0.69	0.56	0.69	0.69	0.69

2. 纹理图像抗几何攻击能力

（1）旋转变换。

图 3.7（a）是旋转 5°时的纹理图像，$PSNR=13.32\text{dB}$，信噪比很低；图 3.7（b）是相似度检测，可以明显通过检测判断为原始纹理图像，$NC=0.83$。表 3.7 为纹理图像抗旋转攻击实验数据。从表中可以看到当纹理图像旋转 10°时，$NC=0.75$，仍然可以判断为原始纹理图像。

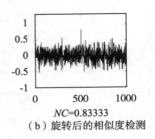

NC=0.83333

（a）旋转后的纹理图像　　　　（b）旋转后的相似度检测

图3.7　纹理图像抗旋转变换实验结果（旋转5°）

表3.7　纹理图像抗旋转攻击实验数据

旋转角度	0°	1°	2°	3°	4°	5°	6°	7°	10°
$PSNR$/dB	42.14	21.05	17.00	15.27	14.14	13.32	12.68	12.15	11.91
NC	1.00	0.88	0.88	0.83	0.83	0.83	0.83	0.75	0.75

（2）缩放变换。

图3.8（a）是缩放因子为0.5的纹理图像，这时中心图像比原图小；图3.8（b）是相似度检测，$NC = 1.00$，可以判断为原始纹理图像；图3.8（c）是缩放因子为2.0的纹理图像，这时中心图像比原图大；图3.8（d）是相似度检测，$NC = 1.00$，可以判断为原始纹理图像。表3.8为纹理抗缩放攻击实

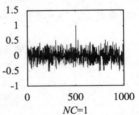

NC=1

（a）缩小后的纹理图像　　　　（b）缩小后的相似度检测

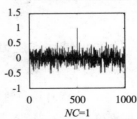

NC=1

（c）放大后的纹理图像　　　　（d）放大后的相似度检测

图3.8　纹理图像抗缩放实验结果

验数据，从表中可以看到，当缩放因子小至 0.2 时，相关系数 $NC = 0.56$，仍可判断为原始纹理图像，说明该算法有较强的抗缩放能力。

表 3.8   纹理图像抗缩放攻击实验数据

缩放因子	0.2	0.5	0.6	0.7	0.8	1.1	1.5	2.0
NC	0.56	1.00	0.94	0.81	0.81	0.94	1.00	1.00

（3）平移变换。

图 3.9（a）是垂直下移 5pix 的纹理图像，这时 $PSNR = 11.55\text{dB}$，信噪比很低；图 3.9（b）是相似度检测，$NC = 0.76$，可以判断为原始纹理图像。表 3.9 是纹理抗平移变换实验数据。从表中得知当垂直下移 14pix 时，通过 NC 值检测仍然可以判断为原始纹理图像，故该算法有较强的抗平移能力。

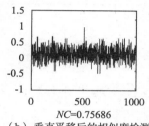

（a）垂直平移后的纹理图像　　　　（b）垂直平移后的相似度检测

图 3.9   纹理图像抗平移实验结果（垂直移动 5pix）

表 3.9   纹理图像抗平移实验数据

方向	水平移动				垂直移动			
距离/pix	2	3	5	8	2	5	10	14
$PSNR$/dB	14.63	13.37	11.74	10.15	13.97	11.55	9.27	8.03
NC	0.75	0.75	0.69	0.50	0.75	0.76	0.69	0.56

（4）剪切攻击。

图 3.10（a）是纹理图像按 Y 轴方向剪切 4% 的情况，这时顶部相对于原始纹理图像，已被剪切掉一部分了；图 3.10（b）是相似度检测，$NC = 1.00$，可以判断为原始纹理图像。表 3.10 为纹理图像抗剪切攻击的实验数据，从表中实验数据可知，该算法有一定的抗剪切能力。

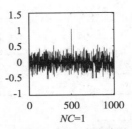

（a）剪切后的纹理图像　　　　（b）剪切后的相似度检测

图 3.10　纹理图像抗剪切实验结果（从 Y 轴方向剪切 4%）

表 3.10　纹理图像抗剪切实验数据

剪切比例	4%	7%	14%
$PSNR/dB$	13.74	11.93	10.17
NC	1.00	0.75	0.81

3. 纹理图像抗局部非线性几何攻击能力

（1）挤压扭曲。

图 3.11（a）是扭曲数量为 30% 时的挤压扭曲纹理图像，$PSNR=15.59dB$，信噪比很低；图 3.11（b）是相似度检测，可以判断为原始纹理图像，$NC=0.94$。表 3.11 为纹理图像抗挤压扭曲实验数据。从表中可以看到当纹理图像遭受挤压扭曲，扭曲数量为 70% 时，$NC=0.63$，仍然可以判断为原始纹理图像。说明该算法具有良好的抗挤压扭曲的能力。

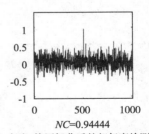

（a）挤压扭曲后的纹理图像　　　　（b）挤压扭曲后的相似度检测

图 3.11　纹理图像抗挤压扭曲实验结果（扭曲数量为 30%）

表3.11　纹理图像抗挤压扭曲实验数据

扭曲数量（%）	10	20	30	40	50	60	70
$PSNR/\mathrm{dB}$	20.17	17.15	15.59	14.42	13.39	12.48	11.63
NC	1.00	0.94	0.94	0.88	0.88	0.81	0.63

（2）波纹扭曲。

图3.12（a）是扭曲数量为100%时的波纹扭曲纹理图像，$PSNR=$ 17.91dB，信噪比很低；图3.12（b）是相似度检测，可以判断为原始纹理图像，$NC=0.82$。表3.12为纹理图像抗波纹扭曲实验数据。从表中可以看到当纹理图像遭受波纹扭曲，扭曲数量为400%时，$NC=0.50$，仍然可以判断为原始纹理图像。说明该算法具有良好的抗波纹扭曲的能力。

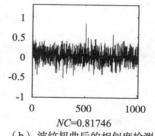

NC=0.81746

（a）波纹扭曲后的纹理图像　　　（b）波纹扭曲后的相似度检测

图3.12　纹理图像抗波纹扭曲实验结果（扭曲数量为100%）

表3.12　纹理图像抗波纹扭曲实验数据

扭曲数量（%）	50	100	200	300	400
$PSNR/\mathrm{dB}$	21.52	17.91	14.90	13.15	11.90
NC	0.88	0.82	0.75	0.56	0.50

（3）球面扭曲。

图3.13（a）是扭曲数量为20%时的球面扭曲纹理图像，$PSNR=$ 14.16dB，信噪比很低；图3.13（b）是相似度检测，$NC=0.94$，可以判断为原始纹理图像。表3.13是纹理图像抗球面扭曲实验数据。从表中可以看到当纹理图像遭受球面扭曲，扭曲数量为50%时，$NC=0.69$，仍然可以判断为原始纹理图像。说明该算法具有良好的抗球面扭曲的能力。

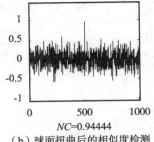

NC=0.94444

（a）球面扭曲后的纹理图像   （b）球面扭曲后的相似度检测

图 3.13 纹理图像抗球面扭曲实验结果（扭曲数量为 20%）

表 3.13 纹理图像抗球面扭曲实验数据

扭曲数量（%）	5	10	20	30	40	50
$PSNR$/dB	21.39	16.81	14.16	12.70	11.72	11.02
NC	1.00	0.94	0.94	0.88	0.75	0.69

（4）局部旋转扭曲。

图 3.14（a）是扭曲度数为 30°时的局部旋转扭曲纹理图像，$PSNR =$ 19.07dB，信噪比很低；图 3.14（b）是相似度检测，$NC = 0.94$，可以判断为原始纹理图像。表 3.14 是纹理图像抗局部旋转扭曲实验数据。从表中可以看到当纹理图像遭受局部旋转扭曲，扭曲度数为 50°时，$NC = 0.88$，仍然可以判断为原始纹理图像。说明该算法具有良好的抗局部旋转扭曲的能力。

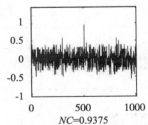

NC=0.9375

（a）局部旋转扭曲后的纹理图像   （b）局部旋转扭曲后的相似度检测

图 3.14 纹理图像抗局部旋转扭曲实验结果（扭曲度数为 30°）

表 3.14 纹理图像抗局部旋转扭曲实验数据

扭曲度数	5°	10°	20°	30°	40°	50°
$PSNR$/dB	24.80	21.48	19.73	19.07	18.72	18.41
NC	1.00	1.00	0.94	0.94	0.88	0.88

（5）水波扭曲。

图 3.15（a）是扭曲数量为 2% 时的水波扭曲纹理图像，$PSNR = 21.41dB$，信噪比很低；图 3.15（b）是相似度检测，$NC = 0.81$，可以判断为原始纹理图像。表 3.15 是纹理图像抗水波扭曲实验数据。从表中可以看到当纹理图像遭受水波扭曲，扭曲数量为 10% 时，$NC = 0.50$，仍然可以判断为原始纹理图像。说明该算法具有良好的抗水波扭曲的能力。

 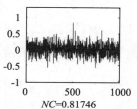

NC=0.81746

（a）水波扭曲后的纹理图像　　　（b）水波扭曲后的相似度检测

图 3.15　纹理图像抗水波扭曲实验结果（扭曲数量为 2%）

表 3.15　纹理图像抗水波扭曲实验数据

扭曲数量（%）	1	2	3	4	5	10
$PSNR/dB$	23.54	21.41	20.31	19.35	18.21	14.73
NC	0.94	0.81	0.75	0.75	0.69	0.50

（6）波浪随机扭曲。

图 3.16（a）是扭曲类型为三角形、生成器数为 5、波长 11~50、幅值 6~11、水平比例为 100%、垂直比例为 100% 时的波浪随机扭曲纹理图像，$PSNR = 12.04dB$，信噪比很低；图 3.16（b）是相似度检测，$NC = 0.71$，可以判断为原始纹理图像。说明该算法具有良好的抗水波扭曲的能力。

NC=0.70635

（a）波浪随机扭曲后的纹理图像　　　（b）波浪随机扭曲后的相似度检测

图 3.16　纹理图像抗波浪随机扭曲实验结果

通过以上的实验说明，该智能纹理防伪方法有较强的抗常规攻击、几何攻击和局部非线性几何攻击能力，能够快速地判断出是否为原始纹理图像，是一种智能的、时效性强的算法。

3.3 基于 DFT 的纹理防伪标签自动识别算法

基于 DFT 的纹理防伪标签自动识别技术，是一种用于自动鉴别纹理防伪标签从而辨别商品真伪的方法，属于纹理防伪技术领域，其目的是提供一种基于 DFT 变换的智能纹理防伪方法，使它具有自动鉴别纹理图像的能力。

3.3.1 防伪标签特征向量库的建立与标签的自动识别

1. 纹理图像视觉特征向量的选取方法

经过对大量的全图 DFT 数据（低中频）观察，我们发现当对一个纹理图像进行常见的几何变换时，低中频系数的大小可能发生一些变化，但其系数符号基本保持不变。我们选取一些常规攻击和几何攻击后的实验数据如表 3.16 所示，选取一些局部几何攻击后的实验数据如表 3.17 所示。表 3.16、表 3.17 中用作测试的原始纹理图像（$128 \times 128\text{dpi}$）如图 3.17（a）所示。表中第 1 列显示的是纹理图像受到攻击的类型，受到常规攻击后的纹理图像见图 3.17（b）至图 3.17（d），受到几何攻击后的纹理图像见图 3.18（a）至图 3.18（e），受到局部几何攻击后的纹理图像见图 3.19（a）至图 3.19（f）。表中第 3 列至第 7 列是在 DFT 系数矩阵中选取的 $F_F(1，1) \sim F_F(1，5)$ 共 10 个低中频系数（这里把一个复数看成实部和虚部两个系数）。其中系数 $F_F(1，1)$ 表示纹理图像的直流分量值。对于常规攻击，这些低中频系数基本保持不变，和原始纹理图像值近似相等。对于几何攻击，部分系数有较大变化，但是我们可以发现，纹理图像在受到几何攻击时，部分 DFT 低中频系数的大小发生了变化但其符号没有改变。我们将 DFT 系数（这里复数看成实部和虚部两个系数值）正值和零用"1"表示，负值用"0"表示，那么对于原始纹理图像来说，DFT 系数矩阵中的 $F_F(1，1) \sim F_F(1，5)$ 系数对应的系数符号序列为"1101000000"，如表 3.16 和表 3.17 的第 8 列所示。观察该列可以发现，无论常规攻击、几何攻击还是局部几何攻击，该符号序列和原始纹理图像能保持相似，与原始纹理图像的归一化相关系数都较大，如表 3.16 和表 3.17 第 9 列所示（方便起见这里取了 5 个 DFT 系数符号）。

为了进一步证明全图 DFT 系数符号序列是属于该图的一个视觉重要特征，又把不同的测试图像进行全图 DFT，如图 3.20（a）至图 3.20（h）所示，得到对应的 DFT 系数 F_F（1，1）~F_F（4，4），并且求出每个图像符号序列之间的相关系数，计算结果如表 3.18 所示。

表 3.16　图像全图 DFT 变换低中频部分系数及受不同攻击后的变化值

图像操作		$PSNR/$db	F_F(1，1)	F_F(1，2)	F_F(1，3)	F_F(1，4)	F_F(1，5)	系数符号序列	相关度
常规攻击	原图（带黑框）	42.14	9.43	−2.29+0.00i	−1.79−0.07i	−1.05−0.11i	−0.38−0.06i	1101000000	1.0
	高斯干扰（2%）	19.57	9.38	−2.10−0.00i	−1.65−0.07i	−0.98−0.09i	−0.36−0.05i	1100000000	0.9
	JPEG 压缩（3%）	21.88	2.44	−0.60+0.01i	−0.47−0.01i	−0.29−0.03i	−0.11−0.02i	1100000000	1.0
	中值滤波（3×3）	24.43	9.57	−2.34−0.02i	−1.82−0.08i	−1.07−0.10i	−0.37−0.05i	1100000000	0.9
几何攻击	旋转（顺时针5°）	13.32	9.41	−2.33+0.00i	−1.76−0.07i	−0.97−0.08i	−0.31−0.04i	1101000000	1.0
	图像缩放（×0.5）		2.36	−0.57−0.01i	−0.45−0.04i	−0.26−0.05i	−0.09−0.02i	1100000000	1.0
	图像缩放（×2.0）		3.77	−0.92+0.01i	−0.72−0.01i	−0.42−0.03i	−0.15−0.02i	1101000000	1.0
	剪切4%（Y轴）	13.74	2.09	−0.53+0.01i	−0.42−0.02i	−0.25−0.03i	−0.09−0.02i	1101000000	1.0
	垂直移动（下移10pix）	9.27	2.17	−0.56+0.01i	−0.44−0.02i	−0.26−0.03i	−0.10−0.02i	1101000000	1.0

注：DFT 系数单位为 1.0e+003，放大 DFT 系数单位为 1.0e+004，JPEG 压缩、剪切、平移 DFT 系数单位为 1.0e+006。

表 3.17　图像受局部几何攻击后 DFT 中低频部分系数的变化值

原始图像和所受局部几何攻击	PSNR/dB	部分系数					系数符号序列	相关度
		F_F (1, 1)	F_F (1, 2)	F_F (1, 3)	F_F (1, 4)	F_F (1, 5)		
原图（带黑框）	42.14	9.43 +0i	−2.29 +0.00i	−1.79 −0.07i	−1.05 −0.11i	−0.38 −0.06i	1101000000	1.0
挤压扭曲（数量50%）	13.39	2.15 +0i	−0.57 +0.00i	−0.48 −0.03i	−0.21 −0.03i	−0.01 −0.01i	1101000000	1.0
波纹扭曲（数量400%）	14.90	2.31 +0i	−0.57 +0.00i	−0.44 −0.01i	−0.25 −0.03i	−0.09 −0.02i	1101000000	1.0
球面扭曲（数量10%）	16.81	2.38 +0i	−0.57 +0.01i	−0.44 −0.01i	−0.27 −0.03i	−0.13 −0.02i	1101000000	1.0
旋转扭曲（角度40°）	18.72	2.31 +0i	−0.57 +0.01i	−0.45 −0.02i	−0.26 −0.02i	−0.09 −0.02i	1101000000	1.0
水波扭曲（数量10%）	14.73	2.25 +0i	−0.56 −0.03i	−0.48 −0.07i	−0.20 −0.06i	−0.08 −0.03i	1100000000	0.9
波纹扭曲（三角形）	12.04	2.31 +0i	−0.56 +0.00i	−0.48 −0.03i	−0.21 −0.03i	−0.01 −0.01i	1101000000	1.0

注：系数单位为 1.0e +006。

（a）原始图像　　　（b）高斯干扰的图像　　（c）JPEG攻击的图像　　（d）中值滤波的图像
　　　　　　　　　（高斯干扰强度为2%）　　（压缩质量为3%）　　　［经过（3×3）的1次滤波］

图 3.17　原始纹理图像及受常规攻击后的纹理图像

（a）旋转变换的图像(旋转度数为5°)　（b）缩放因子为0.5的图像　（c）缩放因子为2.0的图像

（d）垂直下移10pix的图像　　　　　（e）Y轴剪切4%的图像

图 3.18　受几何攻击后的纹理图像

（a）挤压扭曲攻击的图像　　（b）波纹扭曲攻击的图像　　（c）球面扭曲攻击的图像
（扭曲数量为50%）　　　　　（扭曲数量为400%）　　　　（扭曲数量为10%）

（d）旋转扭曲攻击的图像　　（e）水波扭曲攻击的图像　　（f）波浪随机扭曲攻击的图像
（扭曲度数为40°）　　　　　（扭曲数量为10%）　　　　　（三角形）

图 3.19　受局部几何攻击后的纹理图像

表 3.18 不同纹理图像特征向量的相关系数 （向量长度 32bit）

	S_1	S_2	S_3	S_4	S_5	S_6	S_7	S_8
S_1	1.00	-0.08	0.10	-0.06	0.06	-0.09	0.13	-0.01
S_2	-0.08	1.00	-0.01	0.01	0.03	0.00	0.08	0.02
S_3	0.10	-0.01	1.00	0.08	0.08	-0.02	-0.05	0.09
S_4	-0.06	0.01	0.08	1.00	-0.01	0.00	-0.01	0.08
S_5	0.06	0.03	0.08	-0.01	1.00	0.13	-0.09	0.05
S_6	-0.09	0.00	-0.02	0.00	0.13	1.00	0.04	0.11
S_7	0.13	0.08	-0.05	-0.01	-0.09	0.04	1.00	0.06
S_8	-0.01	0.02	0.09	0.08	0.05	0.11	0.06	1.00

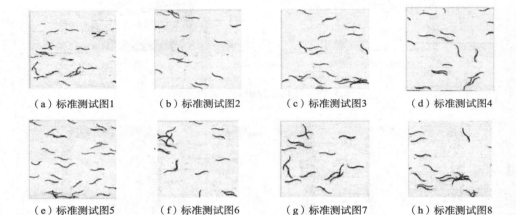

（a）标准测试图1　　　（b）标准测试图2　　　（c）标准测试图3　　　（d）标准测试图4

（e）标准测试图5　　　（f）标准测试图6　　　（g）标准测试图7　　　（h）标准测试图8

图 3.20　标准测试图

从表 3.18 可以看出，不同纹理图像的符号序列相差较大，相关度较小，远小于 0.5。这更加说明 DFT 系数符号序列可以反映该纹理图像的主要视觉特征。当纹理图像受到一定程度的常规攻击、几何攻击和局部非线性几何攻击后，该向量基本不变，这也符合 DFT "有很强的提取图像特征"的能力。

2. 特征向量选取的长度

根据人类视觉特性（HVS），低中频信号对人的视觉影响较大，代表着纹理图像的主要特征。因此所选取的纹理图像的视觉特征向量是低中频系数的符号，低中频系数的个数选择与进行全图 DFT 的原始纹理图像的大小、图像之间的相关性有关，L 值越小，相关性会增大。在后面的试验中，选取 L 的长度为 32bit。

综上所述，通过对纹理图像的全局 DFT 系数分析，利用 DFT 低中频系数的符号序列得到一种取得纹理图像的一个抗局部非线性几何攻击和几何攻击的特征向量的方法，利用该特征向量和归一化相关系数实现了纹理图像智能鉴别的方法，即实现智能纹理防伪。经过实验证明，该方法实现了智能纹理防伪，并且在纹理图像遭受不同攻击时，仍能鉴别出是否为该原始纹理图像，有较好的鉴别准确率，而且耗时很短，运算速度很快。

3. 算法

基于 DFT 的纹理防伪标签自动识别算法与基于 DCT 的纹理防伪标签自动识别算法基本一致，此处不再赘述。

3.3.2　实验结果

这里纹理图像的大小为 128×128dpi。对应的全图 DFT 系数矩阵为 $F_F(i, j)$，选择低中频系数 $Y(j)$，$1 \leqslant j \leqslant L$，第一个值 $Y(1)$ 代表图像的直流分量，然后按由低到高的频率顺序排列。考虑到检测效果的良好性，我们选择中低频的 $4 \times 4 = 16$ 个复数系数做特征向量 V（这里把一个复数看成实部和虚部两个系数），则共有 $16 \times 2 = 32$ 个低中频系数，即 $L = 32$。选取的 DFT 系数矩阵为 $F_F(i, j)$，$1 \leqslant i \leqslant 4$，$1 \leqslant j \leqslant 4$。通过图像特征向量提取算法提取出 V' 后，再计算 V 和 V' 的归一化相关系数 NC，来判断是否为原始的纹理图像。

图 3.21（a）是不加干扰时的原始纹理图像；图 3.21（b）是不加干扰时相似度检测，可以看到 $NC = 1.00$，明显通过检测可以判断为原始的纹理图像。

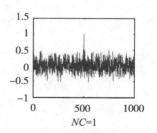

（a）不加干扰时原始纹理图像　　　　（b）不加干扰时相似度检测

图 3.21　不加干扰时原始图像及其相似度检测

下面通过具体实验来判断该纹理防伪标签自动识别方法的抗常规攻击能力、抗几何攻击能力和抗局部非线性几何攻击能力。

1. 测试纹理防伪标签自动识别算法抗常规攻击的能力

（1）加入高斯噪声。

使用 imnoise( ) 函数在原始纹理图像中加入高斯噪声。图3.22（a）是高斯噪声强度为2%时的原始纹理图像，在视觉上已很模糊；图3.22（b）是相似度检测，$NC = 1.00$，明显通过检测可以判断为原始纹理图像。表3.19是纹理图像抗高斯干扰时的检测数据。从实验数据可以看到，当高斯噪声强度高达60%时，纹理图像的 $PSNR$ 降至7.04dB，这时提取的相关系数 $NC = 0.88$，仍能通过检测判断为原始纹理图像，这说明采用该算法有较好的抗高斯噪声能力。

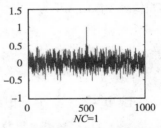

（a）加高斯干扰后的纹理图像　　　　　（b）加高斯干扰后相似度检测

图3.22　纹理图像抗高斯干扰实验结果（高斯噪声强度为2%）

表3.19　纹理图像抗高斯噪声干扰实验数据

噪声强度（%）	1	2	3	5	15	30	60
$PSNR$/dB	22.26	19.57	17.81	15.82	11.28	8.90	7.04
NC	1.00	1.00	1.00	1.00	1.00	0.94	0.88

（2）JPEG 压缩处理。

采用图像压缩质量百分数作为参数对纹理图像进行 JPEG 压缩。图3.23（a）是压缩质量为2%的图像，该图已经出现方块效应；图3.23（b）是相似度检测，$NC = 0.94$。表3.20为纹理图像抗 JPEG 压缩的实验数据。当压缩质量为20%时，仍然可以判断为原始纹理图像，$NC = 1$，这说明采用该算法可获得较好的抗 JPEG 压缩能力。

（a）JEPG压缩后的纹理图像

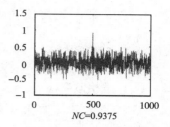

NC=0.9375

（b）JEPG压缩后相似度检测

图3.23 纹理图像抗 JPEG 压缩实验结果（压缩质量为3%）

表3.20 纹理图像抗 JPEG 压缩实验数据

压缩质量（%）	2	4	8	10	20	40
PSNR/dB	21.58	21.89	24.57	24.85	26.91	29.46
NC	0.94	1.00	1.00	1.00	1.00	1.00

（3）中值滤波处理。

图3.24（a）是中值滤波参数为（3×3），滤波重复次数为1的纹理图像，图像已出现模糊；图3.24（b）是相似度检测，$NC=1.00$，检测效果明显。表3.21为纹理图像抗中值滤波能力，从表中看出，当中值滤波参数为（7×7），滤波重复次数为10时，仍然可以通过检测可以判断是原始纹理图像，$NC=0.875$。

（a）中值滤波后的纹理图像

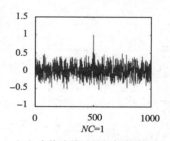

NC=1

（b）中值滤波后的相似度检测

图3.24 纹理图像抗中值滤波实验结果［中值滤波参数为（3×3）重复次数为1］

表3.21 纹理图像抗中值滤波实验数据

中值滤波参数	中值滤波（3×3）			中值滤波（5×5）			中值滤波（7×7）		
滤波重复次数	1	5	10	1	5	10	1	5	10
PSNR/dB	23.43	22.03	21.78	21.53	20.38	20.00	20.89	19.27	18.15
NC	1.00	1.00	1.00	1.00	1.00	1.00	1.00	0.94	0.875

2. 纹理图像抗几何攻击能力

（1）旋转变换。

图 3.25（a）是旋转 5°时的纹理图像，$PSNR = 13.32\text{dB}$，信噪比很低；图 3.25（b）是相似度检测，可以明显通过检测判断为原始纹理图像，$NC = 0.88$。表 3.22 为纹理图像抗旋转攻击实验数据。从表中可以看到当纹理图像旋转 8°时，$NC = 0.56$，仍然可以判断为原始纹理图像。

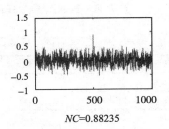

$NC = 0.88235$

（a）旋转后的纹理图像　　　　　　　（b）旋转后的相似度检测

图 3.25　纹理图像抗旋转变换实验结果（旋转 5°）

表 3.22　纹理图像抗旋转攻击实验数据

旋转角度	0°	1°	2°	3°	4°	5°	6°	7°	8°
$PSNR/\text{dB}$	42.14	21.05	17.00	15.27	14.14	13.32	12.68	12.15	11.69
NC	1.00	0.94	0.94	0.94	0.88	0.88	0.63	0.56	0.56

（2）缩放变换。

图 3.26（a）是缩放因子为 0.5 的纹理图像，这时中心图像比原图小；图 3.26（b）是相似度检测，$NC = 0.94$，可以判断是原始纹理图像。图 3.26（c）是缩放因子为 2.0 的纹理图像，这时中心图像比原图大；图 3.26（d）是相似度检测，$NC = 1.00$，可以判断是原始纹理图像。表 3.23 为纹理抗缩放攻击实验数据，从表中可以看到，当缩放因子小至 0.2 时，相关系数 $NC = 0.81$，仍可判断为原始纹理图像，说明该算法有较强的抗缩放能力。

（a）缩小后纹理图像

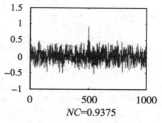

$NC=0.9375$

（b）缩小后的相似度检测

（c）放大后的纹理图像

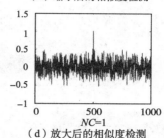

$NC=1$

（d）放大后的相似度检测

图 3.26　纹理图像抗缩放实验结果

表 3.23　纹理图像缩放攻击实验数据

缩放因子	0.2	0.5	0.7	0.9	1.1	1.5	2.0
NC	0.81	0.94	1.00	1.00	1.00	1.00	1.00

（3）平移变换。

图 3.27（a）是垂直下移 10pix 的纹理图像，这时 $PSNR=9.27$dB，信噪比很低；图 3.27（b）是相似度检测，$NC=0.94$，可以判断为原始纹理图像。表 3.24 是纹理抗平移变换实验数据。从表中得知当垂直下移 14pix 时，通过 NC 值检测仍然可以判断为原始纹理图像，故该算法有较强的抗平移能力。

（a）垂直平移后的纹理图像

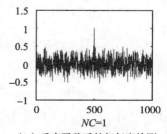

$NC=1$

（b）垂直平移后的相似度检测

图 3.27　纹理图像抗平移实验结果（垂直移动 10pix）

41

表 3.24　纹理图像抗平移实验数据

方向	水平移动			垂直移动			
距离/pix	2	3	5	2	5	10	14
$PSNR$/dB	14.63	13.37	11.74	13.97	11.55	9.27	8.03
NC	1.00	1.00	1.00	1.00	1.00	0.94	0.50

（4）剪切攻击。

图 3.28（a）是纹理图像按 Y 轴方向剪切 4% 的情况，这时顶部相对于原始纹理图像，已被剪切掉一部分了；图 3.28（b）是相似度检测，$NC = 1.00$，可以判断为原始纹理图像。表 3.25 为纹理图像抗剪切攻击的实验数据，从表中实验数据可知，该算法有一定的抗剪切能力。

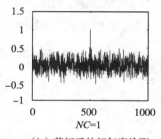

（a）剪切后的纹理图像　　　　　　（b）剪切后的相似度检测

图 3.28　纹理图像抗剪切实验结果（从 Y 轴方向剪切 4%）

表 3.25　纹理图像抗剪切实验数据

切割比例	4%	7%	14%
$PSNR$/dB	13.74	11.93	10.17
NC	1.00	1.00	0.94

3. 纹理图像抗局部非线性几何攻击能力

（1）挤压扭曲。

图 3.29（a）是扭曲数量为 50% 时的挤压扭曲纹理图像，$PSNR = 13.39$dB，信噪比很低；图 3.29（b）是相似度检测，可以判断为原始纹理图像，$NC = 0.94$。表 3.26 为纹理图像抗挤压扭曲实验数据。从表中可以看到当纹理图像遭受挤压扭曲，扭曲数量为 70% 时，$NC = 0.56$，仍然可以判断为原

始纹理图像。说明该算法具有良好的抗挤压扭曲的能力。

 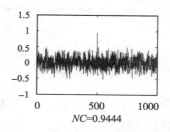

（a）挤压扭曲后的纹理图像　　　　　（b）挤压扭曲后的相似度检测

图 3.29　纹理图像抗挤压扭曲实验结果（扭曲数量为 50%）

表 3.26　纹理图像抗挤压扭曲实验数据

扭曲数量（%）	10	20	30	40	50	60	70
PSNR/dB	20.17	17.15	15.59	14.42	13.39	12.48	11.63
NC	1.00	1.00	0.94	0.94	0.94	0.75	0.56

（2）波纹扭曲。

图 3.30（a）是扭曲数量为 400% 时的波纹扭曲纹理图像，$PSNR =$ 11.90dB，信噪比很低；图 3.30（b）是相似度检测，可以判断为原始纹理图像，$NC = 0.89$。表 3.27 为纹理图像抗波纹扭曲实验数据。从表中可以看到当纹理图像遭受波纹扭曲，扭曲数量为 700% 时，$NC = 0.50$，仍然可以判断为原始纹理图像。说明该算法具有良好的抗波纹扭曲的能力。

 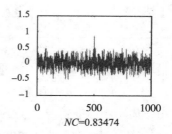

（a）波纹扭曲后的纹理图像　　　　　（b）波纹扭曲后的相似度检测

图 3.30　纹理图像抗波纹扭曲实验结果（扭曲数量为 400%）

表 3.27　纹理图像抗波纹扭曲实验数据

扭曲数量（%）	100	200	300	400	500	600	700
$PSNR/dB$	17.91	14.90	13.15	11.90	10.89	10.26	9.83
NC	1.00	1.00	0.88	0.89	0.75	0.50	0.50

（3）球面扭曲。

图 3.31（a）是扭曲数量为 10% 时的球面扭曲纹理图像，$PSNR = 16.81dB$，信噪比很低；图 3.31（b）是相似度检测，$NC = 0.94$，可以判断为原始纹理图像。表 3.28 是纹理图像抗球面扭曲实验数据。从表中可以看到当纹理图像遭受球面扭曲，扭曲数量为 50% 时，$NC = 0.56$，仍然可以判断为原始纹理图像。说明该算法具有良好的抗球面扭曲的能力。

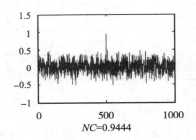

$NC=0.9444$

（a）球面扭曲后的纹理图像　　　　　（b）球面扭曲后的相似度检测

图 3.31　纹理图像抗球面扭曲实验结果（扭曲数量为 10%）

表 3.28　纹理图像抗球面扭曲实验数据

扭曲数量（%）	5	10	20	30	40	50
$PSNR/dB$	21.39	16.81	14.16	12.70	11.72	11.02
NC	1.00	0.94	0.81	0.75	0.69	0.56

（4）局部旋转扭曲。

图 3.32（a）是扭曲度数为 40° 时的局部旋转扭曲纹理图像，$PSNR = 18.72dB$，信噪比很低；图 3.32（b）是相似度检测，$NC = 0.94$，可以判断为原始纹理图像。表 3.29 是纹理图像抗局部旋转扭曲实验数据。从表中可以看到当纹理图像遭受局部旋转扭曲，扭曲度数为 50° 时，$NC = 0.94$，仍然可以判断为原始纹理图像。说明该算法具有良好的抗局部旋转扭曲的能力。

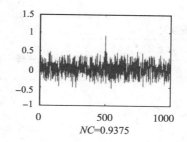

$NC=0.9375$

（a）局部旋转扭曲后的纹理图像 　　　（b）经旋转扭曲攻击时的相似度检测

图 3.32　纹理图像抗旋转扭曲实验结果（扭曲度数为 40°）

表 3.29　纹理图像抗局部旋转扭曲实验数据

扭曲度数	5°	10°	20°	30°	40°	50°
$PSNR$/dB	24.80	21.48	19.73	19.07	18.72	18.41
NC	0.94	0.94	0.94	0.94	0.94	0.94

（5）水波扭曲。

图 3.33（a）是扭曲数量为 10% 时的水波扭曲纹理图像，$PSNR = 14.73$dB，信噪比很低；图 3.33（b）是相似度检测，$NC = 0.87$，可以判断为原始纹理图像。表 3.30 是纹理图像抗水波扭曲实验数据。从表中可以看到当纹理图像遭受水波扭曲，扭曲数量为 50% 时，$NC = 0.50$，仍然可以判断为原始纹理图像。说明该算法具有良好的抗水波扭曲的能力。

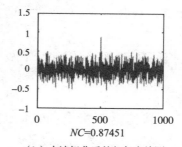

$NC=0.87451$

（a）水波扭曲后的纹理图像 　　　（b）水波扭曲后的相似度检测

图 3.33　纹理图像抗扭曲实验结果（扭曲数量为 10%）

表 3.30　纹理图像抗水波扭曲实验数据

水波扭曲数量（%）	5	10	20	30	40	50
PSNR/dB	18.21	14.73	11.51	8.59	7.34	6.59
NC	1.00	0.87	0.69	0.81	0.69	0.50

（6）波浪随机扭曲。

图 3.34（a）是扭曲类型为三角形、生成器数为 5、波长 11～50、幅值 6～11、水平比例为 100%、垂直比例为 100% 时的纹理图像，$PSNR = 12.04$dB，信噪比很低；图 3.34（b）是相似度检测，$NC = 0.81$，可以判断为原始纹理图像。说明该算法具有良好的抗水波扭曲的能力。

（a）波浪随机扭曲后的纹理图像

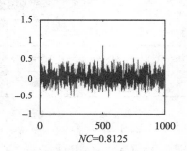
$NC = 0.8125$
（b）波浪随机扭曲后的相似度检测

图 3.34　纹理图像波浪随机扭曲实验结果

通过以上的实验说明，该纹理防伪标签自动识别方法有较强的抗常规攻击、几何攻击和局部非线性几何攻击能力，能够快速地判断出是否为原始纹理图像，是一种智能的、时效性强的算法。

3.4　基于 DWT‑DCT 的纹理防伪标签自动识别算法

3.4.1　防伪标签特征向量库的建立与标签的自动识别

对二维信号图像进行一级小波分解后，原图分成 4 个子图，包括 3 个高频细节子图（水平、垂直和对角线方向）和 1 个低频逼近子图。高频细节子图主要包含原图的边缘信息，但容易受到外部干扰的影响（常规的图像处理）；而低频逼近子图包含图像的基本信息（低频部分），受外部影响小，因此利用低频逼近子图得到特征向量可以增强该算法的鲁棒性。

1. 纹理图像视觉特征向量的选取方法

DWT 抗击几何攻击的能力较差，通过实验发现，将纹理图像 DWT 和 DCT 相结合，可以找到一个抗几何攻击的特征向量。当对纹理图像进行常见的结合变换时，DCT 低中频系数的大小可能发生一些变换，但其系数符号基本保持不变，根据这一规律，我们先对纹理图像进行 DWT（这里选用一层），然后对其近似系数再进行全局 DCT。我们选取一些常规攻击和几何攻击后的实验数据如表 3.31 所示，选取一些局部非线性几何攻击后的实验数据如表 3.32 所示。表 3.31、表 3.32 中用作测试的原始纹理图像（128×128dpi）如图 3.35（a）所示。表中第 1 列显示的是纹理图像受到攻击的类型，受到常规攻击后的纹理图像如图 3.35（b）至图 3.35（d）所示，受到几何攻击后的纹理图像如图 3.36（a）至图 3.36（e）所示，受到局部非线性几何攻击后的纹理图像如图 3.36（f）至图 3.36（k）。第 3 列至第 9 列是在 DWT – DCT 系数矩阵中选取的 F_D（1，1）~F_D（1，7）共 7 个低中频系数。其中系数 F_D（1，1）表示纹理图像的直流分量值。对于常规攻击，这些低中频系数基本保持不变，和原始纹理图像值近似相等；对于几何攻击，部分系数有较大变化，但是我们可以发现，纹理图像在受到几何攻击时，部分 DWT – DCT 低中频系数的大小发生了变化但其符号没有改变。我们将正的 DWT – DCT 系数用"1"表示（含值为零的系数），负的系数用"0"表示，那么对于原始纹理图像来说，DWT – DCT 系数矩阵中的 F_D（1，1）~ F_D（1，7）系数对应的系数符号序列为"1001010"，如表 3.31 和表 3.32 的第 10 列所示。观察该列可以发现，无论受到常规攻击、几何攻击还是局部非线性几何攻击，该符号序列和原始纹理图像能保持相似，与原始纹理图像的归一化相关系数都较大，如表 3.31 和表 3.32 第 11 列所示（方便起见这里取了 7 个 DCT 系数符号）。

为了进一步验证上述方法提取的特征向量是属于该纹理图像的一个视觉重要特征，我们又把不同的测试图像按照上述方法进行 DWT – DCT，如图 3.37（a）至图 3.37（h）所示，得到对应的 DWT – DCT 系数 F_D（1，1）~ F_D（4，8），并且求出每个纹理图像变换系数符号序列之间的相关系数，计算结果如表 3.32 所示。

表 3.31　全图 DWT - DCT 低中频部分系数及受不同攻击后的变化值

	图像操作	PSNR/dB	F_D (1, 1)	F_D (1, 2)	F_D (1, 3)	F_D (1, 4)	F_D (1, 5)	F_D (1, 6)	F_D (1, 7)	系数符号序列	相关度
常规攻击	原图（带黑框）	42.14	73.69	-0.52	-25.35	0.26	-19.81	0.48	-11.72	1001010	1.0
	JPEG 压缩	24.85	73.76	-0.50	-24.89	0.22	-19.68	0.48	-11.74	1001010	1.0
	高斯干扰	19.40	73.35	-0.51	-23.24	0.32	-18.01	0.43	-10.51	1001010	1.0
	中值滤波	23.43	74.73	-0.33	-25.88	0.24	-20.09	0.24	-11.93	1001010	1.0
几何攻击	水平移动	14.63	66.56	-4.30	-23.89	-1.53	-18.58	1.14	-10.87	1001010	1.0
	Y 轴剪切	13.74	63.89	-0.81	-23.11	0.49	-18.26	0.62	-10.77	1001010	1.0
	旋转	13.32	73.53	-0.57	-25.75	0.26	-19.44	0.34	-10.75	1001010	1.0
	缩小		36.84	-0.26	-12.63	0.13	-9.78	0.24	-5.69	1001010	1.0
	放大		147.38	-1.05	-50.68	0.52	-39.58	0.96	-23.37	1001010	1.0

表 3.32　图像受局部非线性几何攻击后 DWT - DCT 中低频部分系数的变化值

原始图像和所受局部几何攻击	PSNR/dB	部分系数							系数符号序列	相关度
		F_D (1, 1)	F_D (1, 2)	F_D (1, 3)	F_D (1, 4)	F_D (1, 5)	F_D (1, 6)	F_D (1, 7)		
原图（带黑框）	42.14	73.69	-0.52	-25.35	0.26	-19.81	0.48	-11.72	1001010	1.0
挤压扭曲（数量30%）	15.59	68.21	-0.51	-24.79	0.49	-20.18	0.44	-10.50	1001010	1.0
波纹扭曲（数量100%）	17.91	70.68	-0.61	-24.85	0.29	-19.30	0.71	-11.18	1001010	1.0
球面扭曲（数量20%）	14.16	75.02	-0.85	-24.16	0.23	-18.45	0.61	-11.94	1001010	1.0
旋转扭曲（角度30°）	19.07	70.66	-0.71	-24.84	0.49	-19.44	0.38	-11.39	1001010	1.0
水波扭曲（数量4%）	19.34	70.67	-0.26	-24.84	0.73	-19.59	0.45	-11.11	1001010	1.0
波纹扭曲（三角形）	12.04	70.80	-0.59	-24.35	0.31	-18.11	0.53	-10.01	1001010	1.0

表 3.33　同纹理图像特征向量的相关系数（不带黑框）

	S_1	S_2	S_3	S_4	S_5	S_6	S_7	S_8
S_1	1.00	-0.08	0.10	-0.06	0.06	-0.09	0.13	-0.01
S_2	-0.08	1.00	-0.01	0.01	0.03	0.00	0.08	0.02
S_3	0.10	-0.01	1.00	0.08	0.08	-0.02	-0.05	0.09
S_4	-0.06	0.01	0.08	1.00	-0.01	0.00	-0.01	0.08
S_5	0.06	0.03	0.08	-0.01	1.00	0.13	-0.09	0.05
S_6	-0.09	0.00	-0.02	0.00	0.13	1.00	0.04	0.11
S_7	0.13	0.08	-0.05	-0.01	-0.09	0.04	1.00	0.06
S_8	-0.01	0.02	0.09	0.08	0.05	0.11	0.06	1.00

从表 3.33 可以看出，不同纹理图像的符号序列相差较大，相关度较小，远小于 0.5。这更加说明 DWT – DCT 系数符号序列可以反映该纹理图像的主要视觉特征。当纹理图像受到一定程度的常规攻击、几何攻击和局部非线性几何攻击后，该向量基本不变，这也符合 DWT – DCT "有很强的提取图像特征"的能力。

（a）原始纹理图像　　（b）高斯干扰后的图像　（c）JPEG攻击后的图像　（d）中值滤波后的图像
　　　　　　　　　　（高斯干扰强度为2%）　　　　　　　　　　　　［经过（3×3）的1次滤波］

图 3.35　受到常规攻击后的纹理图像

2. 算法

我们选取一个带黑框的纹理图像作为原始纹理图像，原始纹理图像记为

$$F = \{f(i,j) \mid f(i,j) \in R; 1 \leq i \leq N_1, 1 \leq 2\} \tag{3.7}$$

$f(i,j)$ 表示原始纹理图像的像素灰度值，为了便于运算，我们假设 $N_1 = N_2 = N$。

（a）旋转变换后的图像
（旋转度数为5°）

（b）缩放因子为0.5的
图像

（c）缩放因子为2.0的
图像

（d）水平右移2pix后的
图像

（e）Y轴剪切4%后的
图像

（f）挤压扭曲攻击后的
图像（扭曲数量为30%）

（g）波纹扭曲攻击后的
图像（扭曲数量为100%）

（h）球面扭曲攻击后的
图像（扭曲数量为20%）

（i）经过旋转扭曲攻击的图像
（扭曲度数为30°）

（j）经过水波扭曲攻击的图像
（扭曲数量为4%）

（k）经过波浪随机扭曲攻击的图像
（三角形）

图 3.36　受到几何攻击后的纹理图像

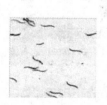

（a）标准测试图1

（b）标准测试图2

（c）标准测试图3

（d）标准测试图4

（e）标准测试图5

（f）标准测试图6

（g）标准测试图7

（h）标准测试图8

图 3.37　标准测试图

（1）建立纹理特征数据库。

1）通过对每个原始纹理图像进行小波变换，然后对小波变换的"近似系数"再进行全局 DCT，在 DCT 的低中频系数中，得到原始纹理图像的一个抗几何攻击和抗局部非线性几何攻击的视觉特征向量 $V(n)$。

先依次对每个原始纹理图像进行小波分解，例如对第 n 个原始纹理图像 $F(i,j)$ 进行 L 级小波分解获得逼近子图 $FAL(i,j)$。由于小波分解级数越高，占用的分解时间便会越长，因此智能防伪算法消耗的时间也会变长。在此，我们选用 $L=1$。然后对逼近子图 $FAL(i,j)$ 进行全局 DCT，得到 DWT – DCT 系数矩阵 $F_D(i,j)$，再对 DWT – DCT 系数矩阵进行 Zig – Zag 扫描，得到频率由低到高的 DWT – DCT 系数序列 $Y(j)$，取前 L 个值，并通过符号运算就可以得到该纹理图像的视觉特征向量 $V(n)$。具体做法，当系数值为正值和零时我们用"1"表示，系数为负值时用"0"表示，主要过程描述如下：

$$FAL(i,j) = \mathrm{DWT2}\big[F(i,j)\big] \tag{3.8}$$

$$F_D(i,j) = \mathrm{DCT2}\big[FAL(i,j)\big] \tag{3.9}$$

$$Y(j) = \mathrm{Zig} - \mathrm{Zag}\big[F_D(i,j)\big] \tag{3.10}$$

$$V(n) = \mathrm{Sign}\big[Y(j)\big] \tag{3.11}$$

2）将求出的这 N 个特征向量存放在纹理特征数据库中。

（2）图像自动鉴别

1）用手机扫描待测纹理图像，并求出纹理图像的视觉特征向量 V'。设待测纹理图像为 $F'(i,j)$，经过小波变换，再对近似系数进行全局 DCT 后得到 DWT – DCT 系数矩阵为 $F'_D(i,j)$，按上述方法，求得待测图像的视觉特征向量 V'。

$$FAL'(i,j) = \mathrm{DWT2}\big[F'(i,j)\big] \tag{3.12}$$

$$F'_D(i,j) = \mathrm{DCT2}\big[FAL'(i,j)\big] \tag{3.13}$$

$$Y'(j) = \mathrm{Zig} - \mathrm{Zag}\big[F'_D(i,j)\big] \tag{3.14}$$

$$V' = \mathrm{Sign}\big[Y'(j)\big] \tag{3.15}$$

2）求出所有 N 个原始纹理图像的视觉特征向量和待测纹理图像的视觉特征向量 V' 之间的归一化相关系数 $NC(n)$。

3）返回 $NC(n)$ 最大值到用户手机。

本算法与现有的纹理防伪技术相比有以下优点。①可以实现纹理真伪的自动鉴别。由于本算法是基于 DWT – DCT 的智能纹理防伪技术，DWT 是下一代图像压缩技术 JPEG2000 的核心，DCT 是现在最流行的图像压缩 JPEG 的核心，因此，该算法对现在和将来的压缩软件都有较好的兼容性，并且能够自动鉴别纹理图像，对于受到各种攻击后的纹理图像仍能提取正确的图像特征值，实现自动鉴别，纹理特征向量提取方法有较强的抗常规攻击能力和抗几何攻击能力。②可以减小存放纹理图像的数据库容量。在数据库中，只存放图像的特征向量（32 ~ 64bit），从而减小了所需数据库的容量。③可以快速获取真伪鉴别结果。由于网上传输的只是待测纹理图像的特征向量和相关系数的值，因此网络传输速度加快。

3.4.2　实验结果

这里纹理图像的大小为 128×128dpi。对应的全图 DWT – DCT 系数矩阵为 $F_D(i, j)$，选择低中频系数 $Y(j)$，$1 \leq j \leq L$，第一个值 $Y(1)$ 代表图像的直流分量，然后按由低到高的频率顺序排列。考虑到检测效果的良好性，我们选择中低频的 $4 \times 8 = 32$ 个系数做特征向量 V，即 $L = 32$。选取的 DWT – DCT 系数矩阵为 $F_D(i, j)$，$1 \leq i \leq 4$，$1 \leq j \leq 8$。通过图像特征向量提取算法提取出 V' 后，再计算 V 和 V' 的归一化相关系数 NC，来判断是否为原始的纹理图像。

图 3.38（a）是不加干扰时的原始纹理图像；图 3.38（b）加干扰时相似度检测，可以看到 $NC = 1.00$，明显通过检测可以判断是原始的纹理图像。

（a）原始纹理图像

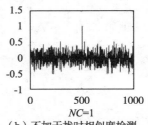
（b）不加干扰时相似度检测

图 3.38　不加干扰时原始纹理图像和相似度检测

下面我们通过具体实验来判断该智能纹理防伪方法的抗常规攻击能力、抗几何攻击能力和抗局部非线性几何攻击能力。

1. 先测试该智能纹理防伪算法抗常规攻击的能力

（1）加入高斯噪声。

使用 imnoise() 函数在原始纹理图像中加入高斯噪声。图 3.39（a）是高斯噪声强度为 2% 时的原始纹理图像，在视觉上已很模糊；图 3.39（b）是相似度检测，$NC = 1.00$，明显通过检测可以判断为原始纹理图像。表 3.34 是纹理图像抗高斯干扰时的检测数据。从实验数据可以看到，当高斯噪声强度高达 30% 时，纹理图像的 $PSNR$ 降至 8.81dB，这时提取的相关系数 $NC = 0.82$，仍能通过检测判断为原始纹理图像，这说明采用该算法有较好的抗高斯噪声能力。

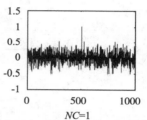

（a）加高斯干扰后的纹理图像　　　（b）加高斯干扰后相似度检测

图 3.39　纹理图像抗高斯干扰实验结果（高斯噪声强度 2%）

表 3.34　纹理图像抗高斯噪声干扰实验数据

噪声强度（%）	1	2	3	5	10	15	30
$PSNR$/dB	22.37	19.40	17.84	15.91	12.87	11.20	8.81
NC	1.00	1.00	1.00	1.00	0.94	0.88	0.82

（2）JPEG 压缩处理。

采用图像压缩质量百分数作为参数对纹理图像进行 JPEG 压缩。图 3.40（a）是压缩质量为 10% 的图像，该图已经出现方块效应；图 3.40（b）是相似度检测，$NC = 0.88$。表 3.35 为纹理图像抗 JPEG 压缩的实验数据。当压缩质量为 2% 时，仍然可以判断为原始纹理图像，$NC = 0.93$，这说明采用该算法有好的抗 JPEG 压缩能力。

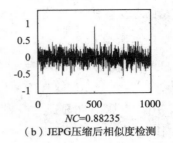

（a）JEPG压缩后的纹理图像　　　　（b）JEPG压缩后相似度检测

图 3.40　纹理图像抗 JPEG 压缩实验结果（压缩质量为 10%）

表 3.35　纹理图像抗 JPEG 压缩实验数据

压缩质量（%）	2	5	10	20	30	40
$PSNR$/dB	21.58	23.00	24.85	26.91	28.55	29.46
NC	0.93	0.82	0.88	1.00	0.94	1.00

（3）中值滤波处理。

图 3.41（a）是中值滤波参数为（3×3）、滤波重复次数为 1 的纹理图像，图像已出现模糊；图 3.41（b）是相似度检测，$NC=0.94$，检测效果明显。表 3.36 为纹理图像抗中值滤波能力，从表中看出，当中值滤波参数为（7×7）、滤波重复次数为 10 时，仍然可以通过检测可以判断为原始纹理图像，$NC=0.63$。

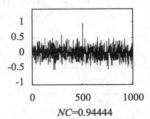

（a）中值滤波后的纹理图像　　　　（b）中值滤波后的相似度检测

图 3.41　纹理图像抗中值滤波实验结果［中值滤波参数为（3×3）重复次数为 1］

表 3.36　纹理图像抗中值滤波实验数据

中值滤波参数	中值滤波（3×3）			中值滤波（5×5）			中值滤波（7×7）		
滤波重复次数	1	5	10	1	5	10	1	5	10
$PSNR$/dB	23.43	22.03	21.78	21.53	20.38	19.99	20.89	19.27	18.15
NC	0.94	0.94	0.94	0.88	0.75	0.63	0.75	0.63	0.63

2. 纹理图像抗几何攻击能力

（1）旋转变换。

图 3.42（a）是旋转 5°时的纹理图像，$PSNR=13.32$dB，信噪比很低；图 3.42（b）是相似度检测，可以明显通过检测判断为原始纹理图像，$NC=0.88$。表 3.37 为纹理图像抗旋转攻击实验数据。从表中可以看到当纹理图像旋转 10°时，$NC=0.82$，仍然可以判断为原始纹理图像。

（a）旋转后的纹理图像

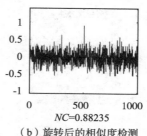

$NC=0.88235$

（b）旋转后的相似度检测

图 3.42　纹理图像抗旋转变换实验结果（旋转 5°）

表 3.37　纹理图像抗旋转攻击实验数据

旋转角度	0°	1°	2°	3°	4°	5°	6°	7°	10°
$PSNR$/dB	42.14	21.05	17.00	15.27	14.14	13.32	12.68	12.15	11.91
NC	1.00	0.93	0.93	0.88	0.88	0.88	0.88	0.88	0.82

（2）缩放变换。

图 3.43（a）是缩放因子为 0.5 的纹理图像，这时中心图像比原图小；图 3.43（b）是相似度检测，$NC=0.94$，可以判断为原始纹理图像；图 3.43（c）是缩放因子为 2.0 的纹理图像，这时中心图像比原图大；图 3.43（d）是相似度检测，$NC=0.94$，可以判断为是原始纹理图像。表 3.38 为纹理抗缩放攻击实验数据，从表中可以看到，当缩放因子小至 0.2 时，相关系数 $NC=0.57$，仍可判断为原始纹理图像，说明该算法有较强的抗缩放能力。

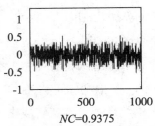

NC=0.9375

（a）缩小后的纹理图像　　　　　（b）缩小后的相似度检测

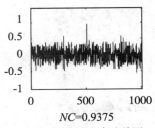

NC=0.9375

（c）放大后的纹理图像　　　　　（d）放大后的相似度检测

图 3.43　纹理图像抗缩放实验结果

表 3.38　纹理图像缩放攻击实验数据

缩放因子	0.2	0.5	0.7	0.9	1.3	1.5	1.7	2.0
NC	0.57	0.94	0.76	0.70	0.63	0.94	0.88	0.94

（3）平移变换。

图 3.44（a）是水平右移 2pix 的纹理图像，这时 $PSNR = 14.63dB$，信噪比很低；图 3.44（b）是相似度检测，$NC = 0.85$，可以判断为原始纹理图像。表 3.39 是纹理抗平移变换实验数据。从表中得知当水平右移 8pix 时，通过 NC 值检测仍然可以判断为原始纹理图像，故该算法有较强的抗平移能力。

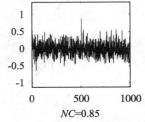

NC=0.85

（a）水平右移后的纹理图像　　　　　（b）水平右移后的相似度检测

图 3.44　纹理图像抗水平右移实验结果（水平右移 2pix）

表 3.39 纹理图像抗平移实验数据

方向	水平移动				垂直移动			
距离/pix	2	3	5	8	2	5	10	12
PSNR/dB	14.63	13.37	11.74	10.15	13.97	11.55	9.27	8.57
NC	0.85	0.82	0.75	0.57	0.68	0.68	0.68	0.56

（4）剪切攻击。

图 3.45（a）是纹理图像按 Y 轴方向剪切 4% 的情况，这时顶部相对于原始纹理图像，已被剪切掉一部分了；图 3.45（b）是相似度检测，$NC=0.94$，可以判断为原始纹理图像。表 3.40 为纹理图像抗剪切攻击的实验数据，从表中实验数据可知，该算法有一定的抗剪切能力。

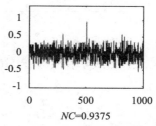

NC=0.9375

（a）剪切后的纹理图像　　　（b）剪切后的相似度检测

图 3.45 纹理图像抗剪切实验结果（从 Y 轴方向剪切 4%）

表 3.40 纹理图像抗剪切实验数据

剪切比例	4%	7%	14%
PSNR/dB	13.74	11.93	10.17
NC	0.94	0.81	0.88

3. 纹理图像抗局部非线性几何攻击能力

（1）挤压扭曲。

图 3.46（a）是扭曲数量为 30% 时的挤压扭曲纹理图像，$PSNR=15.59dB$，信噪比很低；图 3.46（b）是相似度检测，可以判断为原始纹理图像，$NC=0.88$。表 3.41 为纹理图像抗挤压扭曲实验数据。从表中可以看到当纹理图像遭受挤压扭曲，扭曲数量为 70% 时，$NC=0.69$，仍然可以判断为原始纹理图像。说明该算法具有良好的抗挤压扭曲的能力。

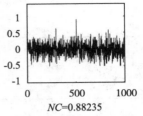

NC=0.88235

（a）挤压扭曲后的纹理图像　　　（b）挤压扭曲后的相似度检测

图 3.46　纹理图像抗挤压扭曲实验结果（扭曲数量为 30%）

表 3.41　纹理图像抗挤压扭曲实验数据

扭曲数量（%）	10	20	30	40	50	60	70
$PSNR$/dB	20.17	17.15	15.59	14.42	13.39	12.48	11.63
NC	0.94	0.88	0.88	0.82	0.82	0.76	0.69

（2）波纹扭曲。

图 3.47（a）是扭曲数量为 100% 时的波纹扭曲纹理图像，$PSNR = 17.91$dB，信噪比很低；图 3.47（b）是相似度检测，可以判断为原始纹理图像，$NC = 0.88$。表 3.42 为纹理图像抗波纹扭曲实验数据。从表中可以看到当纹理图像遭受波纹扭曲，扭曲数量为 400% 时，$NC = 0.56$，仍然可以判断为原始纹理图像。说明该算法具有良好的抗波纹扭曲的能力。

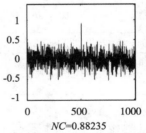

NC=0.88235

（a）波纹扭曲后的纹理图像　　　（b）波纹扭曲后的相似度检测

图 3.47　纹理图像抗波纹扭曲实验结果（扭曲数量为 100%）

表 3.42　纹理图像抗波纹扭曲实验数据

扭曲数量（%）	50	100	200	300	400
$PSNR$/dB	21.52	17.91	14.90	13.15	11.90
NC	0.94	0.88	0.69	0.62	0.56

（3）球面扭曲。

图3.48（a）是扭曲数量为20%时的球面扭曲纹理图像，$PSNR =$ 14.16dB，信噪比很低；图3.48（b）是相似度检测，$NC = 0.88$，可以判断为原始纹理图像。表3.43是纹理图像抗球面扭曲实验数据。从表中可以看到当纹理图像遭受球面扭曲，扭曲数量为50%时，$NC = 0.63$，仍然可以判断为原始纹理图像。说明该算法具有良好的抗球面扭曲的能力。

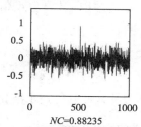

（a）球面扭曲后的纹理图像　　　　　（b）球面扭曲后的相似度检测

图3.48　纹理图像抗球面扭曲实验结果（扭曲数量为20%）

表3.43　纹理图像抗球面扭曲实验数据

扭曲数量（%）	5	10	20	30	40	50
$PSNR$/dB	21.39	16.81	14.16	12.70	11.72	11.02
NC	0.94	0.88	0.88	0.81	0.69	0.63

（4）局部旋转扭曲。

图3.49（a）是扭曲度数30°时的局部旋转扭曲纹理图像，$PSNR =$ 19.07dB，信噪比很低；图3.49（b）是相似度检测，$NC = 0.85$，可以判断为原始纹理图像。表3.44是纹理图像抗局部旋转扭曲实验数据。从表中可以看到当纹理图像遭受局部旋转扭曲，扭曲度数为50°时，$NC = 0.81$，仍然可以判断为原始纹理图像。说明该算法具有良好的抗局部旋转扭曲的能力。

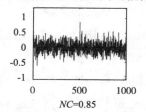

（a）局部旋转扭曲后的纹理图像　　　（b）局部旋转扭曲后的相似度检测

图3.49　纹理图像抗局部旋转扭曲实验结果（扭曲度数为30°）

表 3.44   纹理图像抗局部旋转扭曲实验数据

扭曲度数	5°	10°	20°	30°	40°	50°
PSNR/dB	24.80	21.48	19.73	19.07	18.72	18.41
NC	0.94	0.94	0.88	0.85	0.81	0.81

（5）水波扭曲。

图 3.50（a）是扭曲数量为 4% 时的水波扭曲纹理图像，$PSNR = 19.34dB$，信噪比很低；图 3.50（b）是相似度检测，$NC = 0.82$，可以判断为原始纹理图像。表 3.45 是纹理图像抗水波扭曲实验数据。从表中可以看到当纹理图像遭受水波扭曲，扭曲数量为 8% 时，$NC = 0.57$，仍然可以判断为原始纹理图像。说明该算法具有良好的抗水波扭曲的能力。

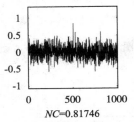

（a）水波扭曲后的纹理图像   （b）扭曲数量 4% 时相似度检测

图 3.50   纹理图像抗扭曲实验结果（扭曲数量为 4%）

表 3.45   纹理图像抗水波扭曲实验数据

水波扭曲数量（%）	1	2	3	4	5	8
PSNR/dB	23.54	21.41	20.31	19.34	18.21	16.14
NC	0.88	0.77	0.82	0.82	0.76	0.57

（6）波浪随机扭曲

图 3.51（a）是扭曲类型为三角形、生成器数为 5、波长 11 ~ 50，幅值 6 ~ 11，水平比例为 100%，垂直比例为 100% 时的波浪随机扭曲纹理图像，$PSNR = 12.04dB$，信噪比很低。

图 3.51（b）是相似度检测，$NC = 0.76$，可以判断为原始纹理图像。说明该算法具有良好的抗水波扭曲的能力。

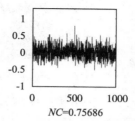

（a）波浪随机扭曲后的纹理图像　　　（b）波浪随机扭曲后的相似度检测

图 3.51　纹理图像波浪随机扭曲实验结果

通过以上的实验说明，该智能纹理防伪方法有较强的抗常规攻击、几何攻击和局部非线性几何攻击能力，能够快速地判断出是否为原始纹理图像，是一种智能的、时效的算法。

3.5　基于 DWT – DFT 的纹理防伪标签自动识别算法

3.5.1　防伪标签特征向量库的建立与标签的自动识别

1. 纹理图像视觉特征向量的选取方法

DWT 的抗击几何攻击的能力较差，通过实验发现，将纹理图像的 DWT 和 DFT 相结合，可以找到一个抗几何攻击的特征向量。当对一个纹理图像进行常见的几何变换时，DFT 低中频系数的大小可能发生一些变换，但其系数符号基本保持不变，根据这一规律，我们先对纹理图像进行 DWT（这里选用一层），然后对其近似系数再进行全局 DFT。我们选取一些常规攻击和几何攻击后的实验数据如表 3.46 所示，选取一些局部几何攻击后的实验数据如表 3.47 所示。表 3.46、表 3.47 中用作测试的原始纹理图像（128×128dpi），如图 3.52（a）所示。表中第 1 列显示的是纹理图像受到攻击的类型，受到常规攻击后的纹理图像如图 3.52（b）至图 3.52（d）所示，受到几何攻击后的纹理图像如图 3.53（a）至图 3.53（e）所示，受到局部几何攻击后的纹理图像如图 3.53（f）至图 3.53（k）所示。第 3 列至第 7 列是在 DWT – DFT 系数矩阵中取的 F_F（1，1）~ F_F（1，5）共 $5 \times 2 = 10$ 个低中频系数（这里把一个复数看成实部和虚部两个系数）。其中系数 F_F（1，1）表示纹理图像的直流分量值。对于常规攻击，这些低中频系数基本保持不变，和原始纹理图像值近似相等；对于几何攻击，部分系数有较大变化，但是我们可以发现，纹理图像在受到几何攻击时，部分 DWT – DFT 低中频系数的大小发生了变化但其符号没有改变。我们将 DWT – DFT 系数（这里复数看成实部和虚部两个系数值），正值和零用"1"表示，负值用"0"表示，那么对于原始纹理图像来说，DWT – DFT 系数矩阵中的 F_F（1，1）~ F_F（1，5）系数对应的系数符号序列为"1100000000"，如表 3.46 和表 3.47 的第 8 列所示。观察该列可以发现，无论常规攻击、几何攻击还是局部几何攻击，该符号序列和原始纹理图像能保持相似，与原始纹理图像的归一化相关系数都较大，如表 3.46 和表 3.47 第 9 列所示（方便起见这里取了 5 个 DWT – DFT 系数符号）。

为了进一步验证上述方法提取的特征向量是属于该纹理图像的一个视觉重要特征，我们又把不同的测试图像按照上述方法进行 DWT – DFT，如图 3.54（a）至图 3.54（h）所示，得到对应的 DWT – DFT 系数 F_F（1，1）~ F_F（4，4），并且求出每个纹理图像变换系数符号序列之间的相关系数，计算结果如表 3.48 所示。

表 3.46 图像全图 DWT – DFT 低中频部分系数及受不同攻击后的变化值

	图像操作	PSNR/dB	F_F (1, 1)	F_F (1, 2)	F_F (1, 3)	F_F (1, 4)	F_F (1, 5)	系数符号序列	相关度
常规攻击	原图（带黑框）	42.14	4.72	– 1.15 – 0.03i	– 0.89 – 0.08i	– 0.52 – 0.09i	– 0.19 – 0.05i	1100000000	1.0
	高斯干扰（5%）	15.67dB	4.73	– 0.97 – 0.03i	– 0.75 – 0.07i	– 0.44 – 0.07i	– 0.16 – 0.03i	1100000000	1.0
	JPEG 压缩（4%）	21.89dB	4.73	– 1.13 – 0.01i	– 0.91 – 0.08i	– 0.55 – 0.09i	– 0.21 – 0.06i	1100000000	1.0
	中值滤波（3×3）	23.43dB	4.78	– 1.17 – 0.04i	– 0.91 – 0.09i	– 0.53 – 0.09i	– 0.18 – 0.04i	1100000000	1.0
几何攻击	旋转（顺时针5°）	13.32dB	4.71	– 1.17 – 0.03i	– 0.88 – 0.08i	– 0.48 – 0.08i	– 0.15 – 0.04i	1100000000	1.0
	缩放（×0.5）		1.18	– 0.29 – 0.02i	– 0.22 – 0.04i	– 0.12 – 0.04i	– 0.04 – 0.02i	1100000000	1.0
	缩放（×2.0）		1.89	– 0.46 + 0.00i	– 0.36 – 0.01i	0.21 – 0.02i	– 0.08 – 0.01i	1101000000	0.9

图像操作		PSNR/ dB	F_F (1, 1)	F_F (1, 2)	F_F (1, 3)	F_F (1, 4)	F_F (1, 5)	系数符 号序列	相关度
几何攻击	剪切（Y轴7%）	11.93dB	3.92	−1.04 −0.03i	−0.8 −0.11i	−0.44 −0.12i	−0.13 −0.05i	1100000000	1.0
	垂直移动（10pix）	9.27dB	4.26	−1.09 −0.01i	−0.86 −0.07i	−0.50 −0.09i	−0.19 −0.05i	1100000000	1.0

注：DWT−DFT 系数单位为 1.0e+003。

表 3.47　图像受局部几何攻击后 DWT−DFT 中低频部分系数的变化值

原始图像和所受 局部几何攻击	PSNR/ dB	部分系数					系数符 号序列	相关度
		F_F (1, 1)	F_F (1, 2)	F_F (1, 3)	F_F (1, 4)	F_F (1, 5)		
原图（带黑框）	42.14	4.72+0i	−1.15 −0.03i	−0.89 −0.08i	−0.52 −0.09i	−0.19 −0.05i	1100000000	1.0
挤压扭曲 （数量20%）	17.15	4.42+0i	−1.12 −0.02i	−0.90 −0.08i	−0.49 −0.09i	−0.13 −0.04i	1100000000	1.0
波纹扭曲 （数量200%）	14.90	4.52+0i	−1.12 −0.02i	−0.86 −0.06i	−0.48 −0.09i	−0.17 −0.05i	1100000000	1.0
球面扭曲 （数量10%）	16.81	4.47+0i	−1.11 −0.02i	−0.86 −0.07i	−0.53 −0.09i	−0.24 −0.06i	1100000000	1.0
旋转扭曲 （角度30°）	19.07	4.52+0i	−1.13 −0.01i	−0.88 −0.08i	−0.51 −0.09i	−0.18 −0.05i	1100000000	1.0
水波扭曲 （数量10%）	14.73	4.42+0i	−1.11 −0.09i	−0.91 −0.19i	−0.39 −0.14i	−0.16 −0.06i	1100000000	1.0
波浪随机扭曲 （三角形）	12.04	4.53+0i	−1.10 −0.02i	−0.82 −0.07i	−0.45 −0.08i	−0.16 −0.05i	1100000000	1.0

注：变换系数单位为 1.0e+003。

（a）原始纹理图像　（b）高斯干扰的图像　（c）JPEG攻击的图像　（d）中值滤波的图像
　　　　　　　　（高斯干扰强度为5%）　（压缩质量为4%）　［经过（3×3）的1次滤波］

图 3.52　纹理的常规攻击

（a）旋转变换的图像
（旋转度数为5°）

（b）缩放因子为0.5的
图像

（c）缩放因子为2.0的
图像

（d）经过垂直下移10pix的
图像

（e）Y轴剪切7%的
图像

（f）挤压扭曲攻击的图像
（扭曲数量为20%）

（g）波纹扭曲攻击的图像
（扭曲数量为200%）

（h）球面扭曲攻击的图像
（扭曲数量为10%）

（i）旋转扭曲攻击的图像
（扭曲度数为30°）

（j）水波扭曲攻击的图像
（扭曲数量为10%）

（k）波浪随机扭曲攻击的图像
（三角形）

图 3.53　纹理的几何攻击

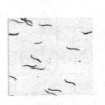

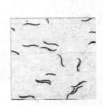

（a）标准测试图1
（b）标准测试图2
（c）标准测试图3
（d）标准测试图4

（e）标准测试图5
（f）标准测试图6
（g）标准测试图7
（h）标准测试图8

图 3.54　标准测试图

表 3.48 　不同纹理图像特征向量的相关系数（不带黑框）

	S_1	S_2	S_3	S_4	S_5	S_6	S_7	S_8
S_1	1.00	−0.08	0.10	−0.06	0.06	−0.09	0.13	−0.01
S_2	−0.08	1.00	−0.01	0.01	0.03	0.00	0.08	0.02
S_3	0.10	−0.01	1.00	0.08	0.08	−0.02	−0.05	0.09
S_4	−0.06	0.01	0.08	1.00	−0.01	0.00	−0.01	0.08
S_5	0.06	0.03	0.08	−0.01	1.00	0.13	−0.09	0.05
S_6	−0.09	0.00	−0.02	0.00	0.13	1.00	0.04	0.11
S_7	0.13	0.08	−0.05	−0.01	−0.09	0.04	1.00	0.06
S_8	−0.01	0.02	0.09	0.08	0.05	0.11	0.06	1.00

从表 3.48 可以看出，不同纹理图像的符号序列相差较大，相关度较小，小于 0.5。这更加说明 DWT – DFT 系数符号序列可以反映该纹理图像的主要视觉特征。当纹理图像受到一定程度的常规攻击、几何攻击和局部非线性几何攻击后，该向量基本不变，这也符合 DWT – DFT "有很强的提取图像特征"的能力。

2. 算法

基于 DWT – DFT 的纹理防伪标签自动识别算法与基于 DWT – DCT 的纹理防伪标签自动识别算法基本一致，此处不再赘述。

3.5.2　实验结果

这里纹理图像的大小为 $128 \times 128\text{dpi}$。对应的全图 DWT – DFT 系数矩阵为 $F_F(i,j)$，选择低中频系数 $Y(j)$，$1 \leqslant j \leqslant L$，第一个值 $Y(1)$ 代表图像的直流分量，然后按由低到高的频率顺序排列。考虑到检测效果的良好性，我们选择中低频的 $4 \times 4 = 16$ 个复数系数做特征向量 V（这里把一个复数看成实部和虚部两个系数），则共有 $16 \times 2 = 32$ 个低中频系数，即 $L = 32$。选取的 DWT – DFT 系数矩阵为 $F_F(i,j)$，$1 \leqslant i \leqslant 4$，$1 \leqslant j \leqslant 4$。通过图像特征向量提取算法提取出 V' 后，再计算 V 和 V' 的归一化相关系数 NC，来判断是否为原始的纹理图像。

图 3.55（a）是不加干扰时的原始纹理图像，图 3.55（b）是不加干扰时

相似度检测，可以看到 $NC = 1.00$，明显通过检测可以判断为原始的纹理图像。

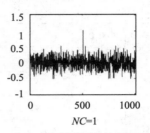

（a）原始纹理图像　　　　　　（b）不加干扰时相似度检测

图 3.55　不加干扰时原始纹理图像和相似度检测

下面我们通过具体实验来判断该智能纹理防伪方法的抗常规攻击能力、抗几何攻击能力和抗局部非线性几何攻击能力。

1.　先测试智能纹理防伪算法抗常规攻击的能力

（1）加入高斯噪声。

使用 imnoise（） 函数在原始纹理图像中加入高斯噪声。图 3.56（a）是高斯噪声强度为 5% 时的原始纹理图像，在视觉上已很模糊；图 3.56（b）是相似度检测，$NC = 1.00$，明显通过检测可以判断为原始纹理图像。表 3.49 是纹理图像抗高斯干扰时的检测数据。从实验数据可以看到，当高斯噪声强度高达 60% 时，纹理图像的 $PSNR$ 降至 7.06dB，这时提取的相关系数 $NC = 0.88$，仍能通过检测判断为原始纹理图像，这说明采用该算法有好的抗高斯噪声能力。

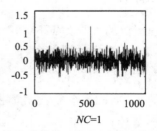

（a）加高斯干扰后的纹理图像　　（b）加高斯干扰后的相似度检测

图 3.56　纹理图像抗高斯干扰实验结果（高斯噪声强度 5%）

表 3.49 纹理图像抗高斯噪声干扰实验数据

噪声强度（%）	1	2	3	5	15	30	60
$PSNR/dB$	22.30	19.45	17.83	15.67	11.32	8.82	7.06
NC	1.00	1.00	1.00	1.00	1.00	0.94	0.88

（2）JPEG 压缩处理。

采用图像压缩质量百分数作为参数对纹理图像进行 JPEG 压缩。图 3.57（a）是压缩质量为 4% 的图像，该图已经出现方块效应；图 3.57（b）是相似度检测，$NC=1.00$。表 3.50 为纹理图像抗 JPEG 压缩的实验数据。当压缩质量为 2% 时，仍然可以判断为原始纹理图像，$NC=1.00$，这说明采用该算法有好的抗 JPEG 压缩能力。

（a）JEPG压缩后的纹理图像　　　（b）JPEG压缩处理后相似度检测

图 3.57 纹理图像抗 JPEG 压缩实验结果（压缩质量为 4%）

表 3.50 纹理图像抗 JPEG 压缩实验数据

压缩质量（%）	2	4	8	10	20	40
$PSNR/dB$	21.58	21.89	24.57	24.85	26.91	29.46
NC	1.00	1.00	1.00	1.00	1.00	1.00

（3）中值滤波处理。

图 3.58（a）是中值滤波参数为（3×3）、滤波重复次数为 1 的纹理图像，图像已出现模糊；图 3.58（b）是相似度检测，$NC=0.94$，检测效果明显。表 3.51 为纹理图像抗中值滤波能力，从表中看出，当中值滤波参数为（7×7）、滤波重复次数为 10 时，仍然可以通过检测可以判断为原始纹理图像，$NC=0.82$。

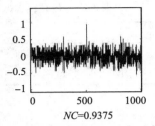

NC=0.9375

（a）中值滤波后的纹理图像　　　（b）中值滤波后的相似度检测

图 3.58　纹理图像抗中值滤波实验结果［中值滤波参数为（3×3），重复次数为 1］

表 3.51　纹理图像抗中值滤波实验数据

中值滤波参数	中值滤波（3×3）			中值滤波（5×5）			中值滤波（7×7）		
滤波重复次数	1	5	10	1	5	10	1	5	10
PSNR/dB	23.43	22.03	21.78	21.53	20.38	19.99	20.89	19.27	18.15
NC	0.94	0.94	0.94	0.94	0.94	0.94	0.94	0.88	0.82

2. 纹理图像抗几何攻击能力

（1）旋转变换。

图 3.59（a）是旋转 5°时的纹理图像，$PSNR = 13.32\text{dB}$，信噪比很低；图 3.59（b）是相似度检测，可以明显通过检测判断为原始纹理图像，$NC = 0.94$。表 3.52 为纹理图像抗旋转攻击实验数据。从表中可以看到当纹理图像旋转 8°时，$NC = 0.56$，仍然可以判断为原始纹理图像。

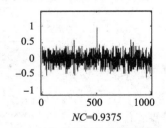

NC=0.9375

（a）旋转后的纹理图像　　　（b）旋转后的相似度检测

图 3.59　纹理图像抗旋转变换实验结果（旋转 5°）

表 3.52　纹理图像抗旋转攻击实验数据

旋转角度	0°	1°	2°	3°	4°	5°	6°	7°	8°
PSNR/dB	42.14	21.05	17.00	15.27	14.14	13.32	12.68	12.15	11.69
NC	1.00	1.00	1.00	1.00	0.94	0.94	0.68	0.68	0.56

（2）缩放变换。

图 3.60（a）是缩放因子为 0.5 的纹理图像，这时中心图像比原图小；图 3.60（b）是相似度检测，$NC = 1.00$，可以判断为原始纹理图像；图 3.60（c）是缩放因子为 2.0 的纹理图像，这时中心图像比原图大；图 3.60（d）是相似度检测，$NC = 0.94$，可以判断为原始纹理图像。表 3.53 为纹理抗缩放攻击实验数据，从表中可以看到，当缩放因子小至 0.4 时，相关系数 $NC = 1.00$，仍可判断为原始纹理图像，说明该算法有较强的抗缩放能力。

（a）缩小后的纹理图像

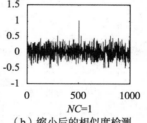

$NC=1$

（b）缩小后的相似度检测

（c）放大后的纹理图像

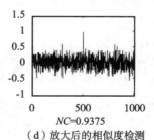

$NC=0.9375$

（d）放大后的相似度检测

图 3.60　纹理图像抗缩放实验结果

表 3.53　纹理图像缩放攻击实验数据

缩放因子	0.4	0.5	0.7	0.9	1.1	1.5	2.0
NC	1.00	1.00	1.00	1.00	1.00	0.94	0.94

（3）平移变换。

图 3.61（a）是垂直下移 10pix 的纹理图像，这时 $PSNR = 9.27\text{dB}$，信噪比很低；图 3.61（b）是相似度检测，$NC = 0.94$，可以判断为原始纹理图像。表 3.54 是纹理抗平移变换实验数据。从表中得知当垂直下移 14pix 时，通过 NC 值检测仍然可以判断为原始纹理图像，故该算法有较强的抗平移能力。

 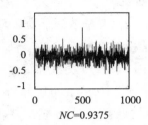

（a）垂直下移后的纹理图像　　　　（b）垂直下移后的相似度检测

图 3.61　纹理图像抗水平右移实验结果（垂直移动 10pix）

表 3.54　纹理图像抗平移实验数据

方向	水平移动			垂直移动			
距离/pix	2	3	5	2	5	10	14
$PSNR/\text{dB}$	14.63	13.37	11.74	13.97	11.55	9.27	8.03
NC	0.94	0.94	0.94	0.94	0.94	0.94	0.57

（4）剪切攻击。

图 3.62（a）是纹理图像按 Y 轴方向剪切 7% 的情况，这时顶部相对于原始纹理图像，已被剪切掉一部分了；图 3.62（b）是相似度检测，$NC = 0.94$，可以判断为原始纹理图像。表 3.55 为纹理图像抗剪切攻击的实验数据，从表中实验数据可知，该算法有一定的抗剪切能力。

 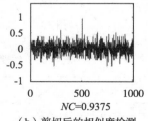

（a）剪切后的纹理图像　　　　（b）剪切后的相似度检测

图 3.62　纹理图像抗剪切实验结果（从 Y 轴方向剪切 7%）

表3.55 纹理图像抗剪切实验数据

剪切比例	4%	7%	14%
$PSNR$/dB	13.74	11.93	10.17
NC	0.94	0.94	0.88

3. 纹理图像抗局部非线性几何攻击能力

（1）挤压扭曲。

图3.63（a）是扭曲数量为20%时的挤压扭曲纹理图像，$PSNR = 17.15$dB，信噪比很低；图3.63（b）是相似度检测，可以判断为原始纹理图像，$NC = 0.94$。表3.56为纹理图像抗挤压扭曲实验数据。从表中可以看到当纹理图像遭受挤压扭曲，扭曲数量为70%时，$NC = 0.62$，仍然可以判断为原始纹理图像。说明该算法具有良好的抗挤压扭曲的能力。

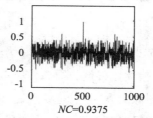

（a）挤压扭曲后的纹理图像　　　（b）挤压扭曲后的相似度检测

图3.63 纹理图像抗挤压扭曲实验结果（扭曲数量为20%）

表3.56 纹理图像抗挤压扭曲实验数据

扭曲数量（%）	10	20	30	40	50	60	70
$PSNR$/dB	20.17	17.15	15.59	14.42	13.39	12.48	11.63
NC	1.00	0.94	0.88	0.88	0.88	0.68	0.62

（2）波纹扭曲。

图3.64（a）是扭曲数量为200%时的波纹扭曲纹理图像，$PSNR = 14.90$dB，信噪比很低；图3.64（b）是相似度检测，可以判断为原始纹理图像，$NC = 0.94$。表3.57为纹理图像抗波纹扭曲实验数据。从表中可以看到当纹理图像遭受波纹扭曲，扭曲数量为600%时，$NC = 0.50$，仍然可以判断为原始纹理图像。说明该算法具有良好的抗波纹扭曲的能力。

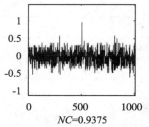

NC=0.9375

（a）波纹扭曲后的纹理图像　　　　（b）波纹扭曲后的相似度检测

图 3.64　纹理图像抗波纹扭曲实验结果（扭曲数量为 200%）

表 3.57　纹理图像抗波纹扭曲实验数据

扭曲数量（%）	50	100	200	300	400	500	600
$PSNR$/dB	21.52	17.91	14.90	13.15	11.90	10.89	10.26
NC	0.94	0.94	0.94	0.88	0.88	0.68	0.50

（3）球面扭曲。

图 3.65（a）是扭曲数量为 10% 时的球面扭曲纹理图像，$PSNR = 16.81$dB，信噪比很低；图 3.65（b）是相似度检测，$NC = 0.88$，可以判断为原始纹理图像。表 3.58 是纹理图像抗球面扭曲实验数据。从表中可以看到当纹理图像遭受球面扭曲，扭曲数量为 40% 时，$NC = 0.62$，仍然可以判断为原始纹理图像。说明该算法具有良好的抗球面扭曲的能力。

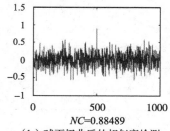

NC=0.88489

（a）球面扭曲后的纹理图像　　　　（b）球面扭曲后的相似度检测

图 3.65　纹理图像抗球面扭曲实验结果（扭曲数量为 10%）

表 3.58　纹理图像抗球面扭曲实验数据

扭曲数量（%）	5	10	20	30	40
$PSNR$/dB	21.39	16.81	14.16	12.70	11.72
NC	1.00	0.88	0.75	0.68	0.62

（4）局部旋转扭曲。

图 3.66（a）是扭曲度数 30° 时的局部旋转扭曲纹理图像，$PSNR = 19.07\text{dB}$，信噪比很低；图 3.66（b）是相似度检测，$NC = 1.00$，可以判断为原始纹理图像。表 3.59 是纹理图像抗局部旋转扭曲实验数据。从表中可以看到当纹理图像遭受局部旋转扭曲，扭曲度数为 50° 时，$NC = 1.00$，仍然可以判断为原始纹理图像。说明该算法具有良好的抗局部旋转扭曲的能力。

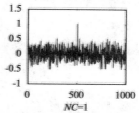

（a）局部旋转扭曲后的纹理图像　　（b）局部旋转扭曲后的相似度检测

图 3.66　纹理图像抗局部旋转扭曲实验结果（扭曲度数为 30°）

表 3.59　纹理图像抗局部旋转扭曲实验数据

扭曲角度	5°	10°	20°	30°	40°	50°
$PSNR/\text{dB}$	24.80	21.48	19.73	19.07	18.72	18.41
NC	1.00	1.00	1.00	1.00	1.00	1.00

（5）水波扭曲。

图 3.67（a）是扭曲数量为 10% 时的水波扭曲纹理图像，$PSNR = 14.73\text{dB}$，信噪比很低；图 3.67（e）是相似度检测，$NC = 0.87$，可以判断为原始纹理图像。表 3.60 是纹理图像抗水波扭曲实验数据。从表中可以看到当纹理图像遭受水波扭曲，扭曲数量为 40% 时，$NC = 0.62$，仍然可以判断为原始纹理图像。说明该算法具有良好的抗水波扭曲的能力。

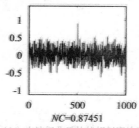

（a）水波扭曲后的纹理图像　　　　（b）水波扭曲后的的相似度检测

图 3.67　纹理图像抗扭曲实验结果（扭曲数量为 10%）

表 3.60　纹理图像抗水波扭曲实验数据

水波扭曲数量（%）	1	5	10	20	30	40
PSNR/dB	23.54	18.21	14.73	11.51	8.59	7.34
NC	1.00	0.94	0.87	0.62	0.68	0.62

（6）波浪随机扭曲。

图 3.68（a）是扭曲类型为三角形、生成器数为 5、波长 11～50、幅值 6～11、水平比例为 100%、垂直比例为 100% 时的波浪随机扭曲纹理图像，$PSNR = 12.04dB$，信噪比很低；图 3.68（b）是相似度检测，$NC = 0.88$，可以判断为原始纹理图像。说明该算法具有良好的抗水波扭曲的能力。

（a）波浪随机扭曲后的纹理图像　　　（b）波浪随机扭曲后的相似度检测

图 3.68　纹理图像波浪随机扭曲实验结果

通过以上的实验说明，该智能纹理防伪算法有较强的抗常规攻击、几何攻击和局部非线性几何攻击能力，能够快速地判断出是否为原始纹理图像，是一种智能的、有效的算法。

4　基于压缩域的纹理防伪标签自动识别算法

4.1　引言

　　常规的纹理防伪技术，在鉴别的智能化、快速性方面，都存在一定的缺点。特别是自动鉴别的智能化算法研究，目前尚未见公开报道。而在实际应用中可以自动鉴别的纹理防伪标签自动识别技术是发展趋势，鉴别方式智能化势在必行。

　　基于压缩域的纹理防伪标签自动识别方法，是一种用于自动鉴别纹理防伪标签从而达到辨别商品真伪目的的方法，属于纹理防伪技术领域。

4.2　基于 DCT 压缩域的纹理防伪标签自动识别算法

4.2.1　防伪标签特征向量库的建立与标签的自动识别

1. 纹理图像视觉特征向量的选取方法

　　通过实验数据发现，在压缩域可以找到一个抗几何攻击的特征向量。我们选取一些常规攻击和几何攻击后的实验数据，如表 4.1 所示，表 4.1 中用作测试的原始纹理图像（128×128dpi）如图 4.1（a）所示。表中第 1 列显示的是纹理图像受到攻击的类型，受到常规攻击后的纹理图像如图 4.1（b）至图 4.1（d）所示，受到几何攻击后的纹理图像如图 4.2（a）至图 4.2（e）所示，受到局部非线性几何攻击后的纹理图像如图 4.3（a）至图 4.3（f）所示。第 3 列至第 10 列是在 DCT 压缩域选取的第 1 行的 8 个像素值。第 11 列是压缩域的平均像素值。从表 4.1 可以看出，对于常规攻击和几何攻击，压缩域图像的像素值可能发生一些变换，但是它与平均像素值的大小关系不变。我们将大于或等于平均值记为 1，小于平均值记为 0，第 1 行的 8 个像素对应的特征向量值为"00000000"，如表 4.1 第 12 列所示。这里我们只选了压缩域第 1 行的 8 个像素。实际上，在 8×8 整个压缩域，对于一般的图像，"0"和"1"的个数各占约 50%。

表 4.1　基于 DCT 压缩域部分系数及受不同攻击后的变化值（前 8 像素）

图像操作		$PSNR/$ dB	F_D (1, 1)	F_D (1, 2)	F_D (1, 3)	F_D (1, 4)	F_D (1, 5)	F_D (1, 6)	F_D (1, 7)	F_D (1, 8)	均值	与均值的关系
常规攻击	原图（带黑框）	42.14	0.173	0.562	0.549	0.550	0.556	0.529	0.548	0.175	2.303	00000000
	JPEG 压缩（5%）	23.00	0.200	0.617	0.593	0.600	0.607	0.563	0.601	0.202	2.345	00000000
	高斯干扰（3%）	17.94	0.363	0.733	0.743	0.674	0.749	0.669	0.715	0.390	2.284	00000000
	中值滤波（3×3）	21.78	0.169	0.547	0.540	0.548	0.546	0.536	0.545	0.170	2.351	00000000
几何攻击	垂直移动（5pix）	11.55	−0.003	−0.025	−0.019	−0.033	−0.016	−0.030	−0.035	−0.002	2.080	00000000
	旋转（顺时针5°）	13.32	0.083	0.967	0.937	0.654	0.501	0.300	0.171	0.008	2.298	00000000
	剪切（Y轴4%）	13.74	0.019	0.185	0.186	0.176	0.188	0.164	0.170	0.022	1.996	00000000
	缩放（×0.3）		0.055	0.180	0.173	0.177	0.174	0.172	0.163	0.047	0.681	00000000
	缩放（×2.0）		0.346	1.123	1.097	1.099	1.111	1.059	1.096	0.350	4.461	00000000
局部非线性几何攻击	挤压扭曲（数量50%）	13.39	0.119	0.499	0.329	0.108	0.103	0.288	0.490	0.121	2.061	00000000
	波纹扭曲（数量400%）	11.90	0.251	0.648	0.258	0.913	0.685	0.261	0.753	0.177	2.208	00000000
	球面扭曲（数量40%）	11.72	0.111	0.562	1.078	1.337	1.335	1.100	0.564	0.107	2.458	00000000
	旋转扭曲（角度40°）	18.72	0.121	0.508	0.521	0.533	0.471	0.436	0.484	0.125	2.208	00000000
	水波扭曲（数量10%）	14.73	0.126	0.511	0.728	0.524	0.513	0.715	0.530	0.140	2.157	00000000
	波浪随机扭曲（正弦）	8.23	0.307	0.678	0.654	0.820	1.832	0.320	0.745	1.466	2.192	00000000

（a）原始图像　　（b）高斯干扰的图像　　（c）JPEG压缩的图像　　（d）中值滤波的图像
　　　　　　　　（高斯干扰强度为3%）　　（压缩质量为5%）　　　［经过（3×3）的10次滤波］

图4.1　原始纹理图像及受常规攻击后的纹理图像

（a）旋转变换的图像　　　　　（b）缩放因子为0.3的图像　　　　（c）缩放因子为2.0的图像
　（旋转度数为5°）

（d）垂直下移5pix的图像　　　　　（e）Y轴剪切4%的图像

图4.2　受几何攻击后的纹理图像

为了进一步证明采用上述方法提取的二值序列属于该图的一个重要特征，又把不同的测试图像在压缩域求取各自的特征向量，如图4.4（a）至图4.4（h）所示，并且求出每个纹理图像的特征向量之间的相关系数 NC，计算结果如表4.2所示。

（a）挤压扭曲攻击的图像　　　（b）波纹扭曲攻击的图像　　　（c）球面扭曲攻击的图像
　　（扭曲数量为50%）　　　　　　（扭曲数量为400%）　　　　　（扭曲数量为40%）

（d）旋转扭曲攻击的图像　　　（e）水波扭曲攻击的图像　　　（f）波浪随机扭曲攻击的图像
　　（扭曲的度数为40°）　　　　　（扭曲数量为10%）　　　　　　　（正弦）

图4.3　受局部非线性几何攻击后的纹理图像

表4.2　压缩域不同纹理图像特征向量之间的相关系数（64bit）

	S_1	S_2	S_3	S_4	S_5	S_6	S_7	S_8
S_1	1.00	−0.08	0.05	−0.10	0.09	−0.25	0.18	0.20
S_2	−0.08	1.00	0.06	0.03	−0.03	0.12	−0.07	0.01
S_3	0.05	0.06	1.00	0.01	0.23	−0.09	−0.21	0.15
S_4	−0.10	0.03	0.01	1.00	−0.26	−0.11	0.10	−0.01
S_5	0.09	−0.03	0.23	−0.26	1.00	0.09	−0.09	−0.08
S_6	−0.25	0.12	−0.09	−0.11	0.09	1.00	0.12	0.13
S_7	0.18	−0.07	−0.21	0.10	−0.09	0.12	1.00	0.21
S_8	0.20	0.01	0.15	−0.01	−0.08	0.13	0.21	1.00

　　从表4.2可以看出，不同纹理图像之间的相关系数较小，小于0.5。这更加说明在压缩域提取的特征向量可以反映该纹理图像的主要视觉特征。当纹理图像受到一定程度的常规攻击、几何攻击和局部非线性几何攻击后，该向量基本不变。

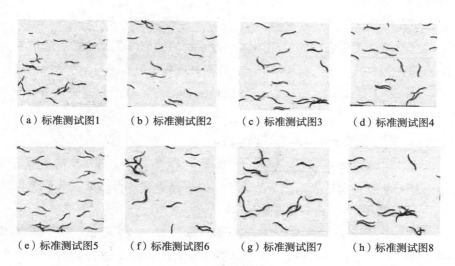

（a）标准测试图1　　（b）标准测试图2　　（c）标准测试图3　　（d）标准测试图4

（e）标准测试图5　　（f）标准测试图6　　（g）标准测试图7　　（h）标准测试图8

图 4.4　标准测试图

2. 峰值信噪比

峰值信噪比的计算公式为

$$PSNR = 10\lg \frac{MN \max_{i,j}\left[I(i,j)\right]^2}{\sum_i \sum_j \left[I(i,j) - I'(i,j)\right]^2} \tag{4.1}$$

设图像每点的像素值为 $I(i,j)$，为方便运算，通常数字图像用像素方阵表示，即 $M=N$。峰值信噪比是表示信号最大可能功率和影响它的表示精度的破坏性噪声功率的比值的工程术语，通常采用峰值信噪比作为纹理图像质量的客观评价标准。

3. 归一化相关系数

归一化相关系数的计算公式为

$$NC = \frac{\sum_j V(j)V'(j)}{\sum_j V^2(j)} \tag{4.2}$$

$V(j)$ 表示原始纹理图像的特征向量，长度为 64bit；$V'(j)$ 表示待测图像的特征向量，长度为 64bit。归一化相关系数是对两幅图像进行相似度衡量的一种方法，通过归一化相关系数可以更加精确地用数据来客观评估图像的相似度。

4. 纹理防伪标签自动识别算法

我们选取一个带黑框的纹理图像作为原始的纹理图像，加黑色边框是为了保证纹理图像在几何变换时能量守恒，原始纹理图像记为 $F = \{f(i,j) \mid f(i,j) \in R; 1 \leq i \leq N_1, 1 \leq j \leq N_2\}$，$f(i,j)$ 表示原始纹理图像的像素灰度值。为了便于运算，我们假设 $N_1 = N_2 = N$。

（1）在压缩域进行图像特征提取。

1）对原始纹理图像进行 DCT，先取前 8×8 个系数，再对变换系数进行逆 DCT，然后对压缩图像进行基于均值的二值量化处理，得到原始纹理图像的一个视觉特征向量 $V(j)$。具体方法如下。

先对原图 $F(i,j)$ 进行全图 DCT，得到 DCT 系数矩阵 $F_D(i,j)$，再从 DCT 系数矩阵 $F_D(i,j)$ 中选取前 8×8 个系数 $F_{D_8}(i,j)$，然后进行逆 DCT，得到逆变换后的图像 $F_{ID}(i,j)$，最后对变换后的图像 $F_{ID}(i,j)$ 进行基于均值的二值量化处理，得到图像的特征向量 $V(j)$。主要过程描述如下

$$F_{D_8}(i,j) = \mathrm{DCT2}\big[F(i,j)\big] \tag{4.3}$$

$$F_{ID}(i,j) = \mathrm{IDCT}\big[F_{D_8}(i,j)\big] \tag{4.4}$$

$$F_P(i,j) = \mathrm{PHA2}\big[F_{ID}(i,j)\big] \tag{4.5}$$

$$V(j) = F_P(i,j) \tag{4.6}$$

2）求出待测纹理图像的视觉特征向量 $V'(j)$。

用户用手机对待测的纹理标签图像进行扫描，再上传到服务器。采用上述方法，通过对待测纹理图像进行全图 DCT 变换、DCT 反变换和基于均值的二值量化处理，求出待测纹理图像的特征向量。设待测纹理图像为 $F'(i,j)$，按上述方法，求得待测图像的视觉特征向量 $V'(j)$

$$F'_{D_8}(i,j) = \mathrm{DCT2}\big[F'(i,j)\big] \tag{4.7}$$

$$F'_{ID}(i,j) = \mathrm{IDCT}\big[F'_{D_8}(i,j)\big] \tag{4.8}$$

$$F'_P(i,j) = \mathrm{PHA2}\big[F'_{ID}(i,j)\big] \tag{4.9}$$

$$V'(j) = F'_P(i,j) \tag{4.10}$$

（2）图像鉴别。

1）求出原始纹理图像的视觉特征向量 $V(j)$ 和待测图像的视觉特征向量 $V'(j)$ 的归一化相关系数 NC。

2）将求得的 NC 值返回到用户手机上。

本算法与现有的纹理防伪技术相比有以下优点。①在图像的压缩域提取图像特征，通过计算相关系数实现了纹理标签的自动鉴别的功能。②提取的特征向量具有较好的鲁棒性，特别是有较强的抗几何攻击能力。③采用该方法提取的特征向量速度快。同常用通过 PCA 或 ICA 提取特征相比，本算法计算速度快，不需要前期的学习，因此有很强的实用性。④提取的特征向量是在 DCT 压缩域，这与目前主流的图像压缩所采用的变换是一致的。

4.2.2 实验结果

这里纹理图像的大小为 128×128dpi。首先求出原始纹理图像和待测纹理图像的特征向量 $V(j)$ 和 $V'(j)$，再计算 $V(j)$ 和 $V'(j)$ 的归一化相关系数 NC，来判断待测纹理图像的真伪。

图 4.5（a）是不加干扰时的原始纹理图像，图 4.5（b）是不加干扰时相似度检测，可以看到 $NC = 1.00$，明显通过检测可以判断是原始的纹理图像。

　　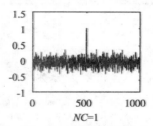

（a）原始纹理图像　　　　　　　（b）不加干扰时相似度检测

图 4.5　不加干扰时原始图像及其相似度检测

下面我们通过具体实验来判断该纹理防伪标签自动识别方法的抗常规攻击能力、抗几何攻击能力和抗局部非线性几何攻击能力。

1. 测试纹理防伪标签自动识别算法抗常规攻击的能力

（1）加入高斯噪声。

使用 imnoise( ) 函数在原始纹理图像中加入高斯噪声。图 4.6（a）是高斯噪声强度为3%时的原始纹理图像，在视觉上已很模糊；图4.6（b）是相似度检测，$NC = 1.00$，明显通过检测可以判断是原始纹理图像。表 4.3 是纹理图像抗高斯干扰时的检测数据。从实验数据可以看到，当高斯噪声强度高达30%时，纹理图像的 $PSNR$ 降至 8.81dB，这时提取的相关系数 $NC = 1.00$，仍能通过检测判断是原始纹理图像，这说明采用该算法有较好的抗高斯噪声能力。

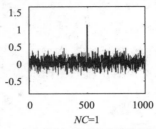

（a）加高斯干扰的图像　　　　（b）高斯干扰的相似度检测

图 4.6　纹理图像抗高斯干扰实验结果（高斯噪声强度为 3%）

表 4.3　纹理图像抗高斯噪声干扰实验数据

噪声强度（%）	1	3	5	10	15	20	30
$PSNR/dB$	22.31	17.94	15.73	12.92	11.28	10.09	8.81
NC	1.00	1.00	1.00	1.00	1.00	1.00	1.00

（2）JPEG 压缩处理。

采用图像压缩质量百分数作为参数对纹理图像进行 JPEG 压缩。图 4.7（a）是压缩质量为 5% 的图像，该图已经出现方块效应；图 4.7（b）是相似度检测，$NC = 1.00$。表 4.4 为纹理图像抗 JPEG 压缩的实验数据。当压缩质量为 1% 时，仍然可以判断为原始纹理图像，$NC = 1.00$，这说明采用该算法抗 JPEG 压缩能力较强。

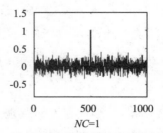

（a）JPEG压缩后的图像　　　　（b）JPEG压缩后的相似度检测

图 4.7　纹理图像抗 JPEG 压缩实验结果（压缩质量为 5%）

表4.4 纹理图像抗 JPEG 压缩实验数据

压缩质量（％）	1	3	5	10	20	30	40
$PSNR/dB$	21.59	21.88	23.00	24.58	26.91	28.55	29.46
NC	1.00	1.00	1.00	1.00	1.00	1.00	1.00

（3）中值滤波处理。

图4.8（a）是中值滤波参数为（3×3）、滤波重复次数为10的纹理图像，图像已出现模糊；图4.8（b）是相似度检测，$NC=1.00$，检测效果明显。表4.5为纹理图像抗中值滤波能力，从表中看出，当中值滤波参数为（7×7）、滤波重复次数为10时，仍然可以通过检测判断为原始纹理图像，$NC=1.00$。

 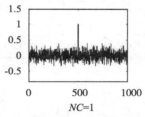

$NC=1$

（a）中值滤波后的图像　　　　（b）中值滤波后的相似度检测

图4.8　纹理图像抗中值滤波实验结果［中值滤波参数为（3×3）重复次数为10次］

表4.5 纹理图像抗中值滤波实验数据

中值滤波参数	中值滤波（3×3）			中值滤波（5×5）			中值滤波（7×7）		
滤波重复次数	1	5	10	1	5	10	1	5	10
$PSNR/dB$	23.43	22.03	21.78	21.53	20.38	19.99	20.89	19.27	18.15
NC	1.00	1.00	1.00	1.00	1.00	1.00	1.00	1.00	1.00

2. 纹理图像抗几何攻击能力

（1）旋转变换。

图4.9（a）是旋转5°时的纹理图像，$PSNR=13.32dB$，信噪比很低；图4.9（b）是相似度检测，可以明显通过检测判断为原始纹理图像，$NC=1.00$。表4.6为纹理图像抗旋转攻击实验数据。从表中可以看到当纹理图像旋转25°时，$NC=0.60$，仍然可以判断为原始纹理图像。

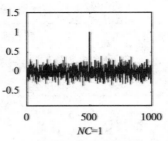

（a）旋转后的图像　　　　　　（b）旋转后的相似度检测

图 4.9　纹理图像抗旋转攻击实验结果（旋转 5°）

表 4.6　纹理图像抗旋转攻击实验数据

旋转角度	3°	5°	8°	10°	13°	15°	20°	25°
$PSNR$/dB	15.27	13.32	11.69	10.91	10.08	9.64	8.86	8.33
NC	1.00	1.00	1.00	1.00	1.00	0.75	0.75	0.60

（2）缩放变换。

图 4.10（a）是缩放因子为 0.3 的纹理图像，这时中心图像比原图小；图 4.10（b）是相似度检测，$NC = 1.00$，可以判断为原始纹理图像；图 4.10（c）是缩放因子为 2.0 的纹理图像，这时中心图像比原图大；图 4.10（d）是相似度检测，$NC = 1.00$，可以判断为原始纹理图像。表 4.7 为纹理图像抗缩放攻击实验数据，从表中可以看到，当缩放因子小至 0.2 时，相关系数 $NC = 1.00$，仍可判断为原始纹理图像，说明该算法有较强的抗缩放能力。

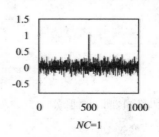

（a）缩小后的图像　　　　　　（b）缩小后的相似度检测

图 4.10　纹理图像抗缩放攻击实验结果

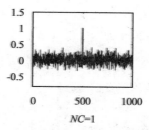

$NC=1$

（c）放大后的图像　　　　　　（d）放大后的相似度检测

图4.10　纹理图像抗缩放攻击实验结果（续）

表4.7　纹理图像抗缩放攻击实验数据

缩放因子	0.2	0.3	0.5	0.8	1.2	1.5	1.8	2.0
NC	1.00	1.00	1.00	1.00	1.00	1.00	1.00	1.00

（3）平移变换。

图4.11（a）是垂直下移5pix的纹理图像，这时$PSNR=11.55$dB，信噪比很低；图4.11（b）是相似度检测，$NC=1.00$，可以判断为原始纹理图像。表4.8是纹理图像抗平移变换实验数据。从表中得知当垂直下移14pix时，通过NC值检测仍然可以判断为原始纹理图像，故该算法有较强的抗平移能力。

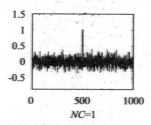

$NC=1$

（a）垂直平移后的图像　　　　　（b）垂直平移后的相似度检测

图4.11　纹理图像抗平移实验结束（垂直平移5pix）

表4.8　纹理图像抗平移实验数据

方向	水平移动				垂直移动			
距离/pix	3	5	8	10	2	5	10	14
$PSNR$/dB	13.37	11.74	10.15	9.33	13.97	11.55	9.27	8.03
NC	1.00	1.00	0.89	0.62	1.00	1.00	0.62	0.62

（4）剪切攻击。

图4.12（a）是纹理图像按Y轴方向剪切4%的情况，这时顶部相对于原

始纹理图像，已被剪切掉一部分了；图 4.12（b）是相似度检测，$NC = 1.00$，可以判断为原始纹理图像。表 4.9 为纹理图像抗剪切攻击的实验数据，从表中实验数据可知，该算法有一定的抗剪切能力。

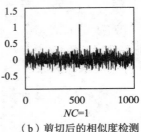

（a）剪切后的图像　　　　　　　　（b）剪切后的相似度检测

图 4.12　纹理图像抗剪切实验结果（Y 轴方向剪切 4%）

表 4.9　纹理图像抗剪切实验数据

剪切比例（%）	4	7	14
$PSNR/dB$	13.74	11.93	10.17
NC	1.00	1.00	1.00

3. 纹理图像抗局部非线性几何攻击能力

（1）挤压扭曲。

图 4.13（a）是扭曲数量为 50% 时的挤压扭曲纹理图像，$PSNR = 13.39dB$，信噪比很低；图 4.13（b）是相似度检测，可以判断为原始纹理图像，$NC = 1.00$。表 4.10 为纹理图像抗挤压扭曲实验数据。从表中可以看到当纹理图像遭受挤压扭曲，扭曲数量为 70% 时，$NC = 1.00$，仍然可以判断为原始纹理图像。说明该算法具有良好的抗挤压扭曲的能力。

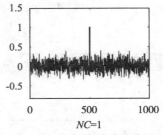

（a）挤压扭曲后的图像　　　　　　（b）挤压扭曲后的相似度检测

图 4.13　纹理图像抗挤压扭曲实验结果（扭曲数量为 50%）

表4.10 纹理图像抗挤压扭曲实验数据

扭曲数量（%）	10	20	30	40	50	60	70
$PSNR$/dB	20.17	17.15	15.59	14.42	13.39	12.48	11.63
NC	1.00	1.00	1.00	1.00	1.00	1.00	1.00

（2）波纹扭曲。

图4.14（a）是扭曲数量为400%时的波纹扭曲纹理图像，$PSNR$ = 11.90dB，信噪比很低；图4.14（b）是相似度检测，可以判断为原始纹理图像，NC = 1.00。表4.11为纹理图像抗波纹扭曲实验数据。从表中可以看到当纹理图像遭受波纹扭曲，扭曲数量为700%时，NC = 1.00，仍然可以判断为原始纹理图像。说明该算法具有良好的抗波纹扭曲的能力。

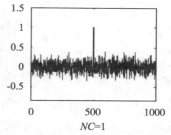

（a）波纹扭曲后的图像	（b）经波纹扭曲后的相似度检测

图4.14 纹理图像抗波纹扭曲实验结果（扭曲数量为400%）

表4.11 纹理图像抗波纹扭曲实验数据

扭曲数量（%）	100	200	300	400	500	600	700
$PSNR$/dB	17.91	14.90	13.15	11.90	10.89	10.26	9.83
NC	1.00	1.00	1.00	1.00	1.00	1.00	1.00

（3）球面扭曲。

图4.15（a）是扭曲数量为40%时的球面扭曲纹理图像，$PSNR$ = 11.72dB，信噪比很低；图4.15（b）是相似度检测，NC = 1.00，可以判断为原始纹理图像。表4.12是纹理图像抗球面扭曲实验数据。从表中可以看到当纹理图像遭受球面扭曲，扭曲数量为50%时，NC = 1.00，仍然可以判断为原始纹理图像。说明该算法具有良好的抗球面扭曲的能力。

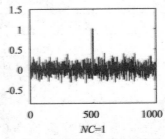

NC=1

（a）球面扭曲后的图像　　　（b）球面扭曲后的相似度检测

图4.15　纹理图像抗球面扭曲攻击实验结果（扭曲数量为40%）

表4.12　纹理图像抗球面扭曲实验数据

扭曲数量（%）	5	10	20	30	40	50
$PSNR$/dB	21.39	16.81	14.16	12.70	11.72	11.02
NC	1.00	1.00	1.00	1.00	1.00	1.00

（4）局部旋转扭曲。

图4.16（a）是扭曲度数为40°时的局部旋转扭曲纹理图像，$PSNR=18.72$dB，信噪比很低；图4.16（b）是相似度检测，$NC=1.00$，可以判断为原始纹理图像。表4.13是纹理图像抗局部旋转扭曲实验数据。从表中可以看到当纹理图像遭受局部旋转扭曲，扭曲度数为50°时，$NC=1.00$，仍然可以判断为原始纹理图像。说明该算法具有良好的抗局部旋转扭曲的能力。

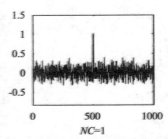

NC=1

（a）局部旋转扭曲后的图像　　　（b）局部旋转扭曲后的相似度检测

图4.16　纹理图像抗局部旋转扭曲实验结果（扭曲度数为40°）

表4.13　纹理图像抗局部旋转扭曲实验数据

扭曲角度	5°	10°	20°	30°	40°	50°
$PSNR$/dB	24.80	21.48	19.73	19.07	18.72	18.41
NC	1.00	1.00	1.00	1.00	1.00	1.00

（5）水波扭曲。

图4.17（a）是扭曲数量为10%时的水波扭曲纹理图像，$PSNR = 14.73$dB，信噪比很低；图4.17（b）是相似度检测，$NC = 1.00$，可以判断为原始纹理图像。表4.14是纹理图像抗水波扭曲实验数据。从表中可以看到当纹理图像遭受水波扭曲，扭曲数量为50%时，$NC = 0.61$，仍然可以判断为原始纹理图像。说明该算法具有良好的抗波浪随机扭曲的能力。

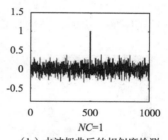

（a）水波扭曲后的图像　　　　　　　（b）水波扭曲后的相似度检测

图4.17　纹理图像抗水波扭曲实验结果（扭曲数量为10%）

表4.14　纹理图像抗水波扭曲实验数据

扭曲数量（%）	5	10	20	30	40	50
$PSNR$/dB	18.21	14.73	11.51	8.59	7.34	6.59
NC	1.00	1.00	0.89	0.89	0.78	0.61

（6）波浪随机扭曲。

图4.18（a）是扭曲类型为正弦、生成器数为5、波长11~50、幅值6~11、水平比例为100%、垂直比例为100%时的波浪随机扭曲纹理图像，$PSNR = 8.23$dB，信噪比很低；图4.18（b）是相似度检测，$NC = 0.87$，可以判断为原始纹理图像。说明该算法具有良好的抗波浪随机扭曲的能力。

 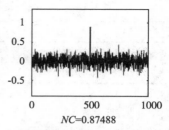

（a）波浪随机扭曲后的图像　　　　（b）波浪随机扭曲后的相似度检测

图4.18　纹理图像抗波浪随机扭曲实验结果

4. 纹理图像抗手机拍摄攻击能力

手机拍摄攻击是一种综合性的攻击。图4.19（a）是手机拍摄的纹理图像，$PSNR = 17.27\text{dB}$，信噪比比较低；图4.19（b）是相似度检测，$NC = 1.00$，可以判断为原始纹理图像。说明该算法具有良好的抗手机拍摄攻击能力。

 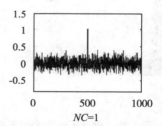

（a）手机拍摄的纹理图像　　　　（b）手机拍摄纹理图像的相似度检测

图4.19　纹理图像抗手机拍摄实验结果

通过以上的实验说明，该纹理防伪标签自动识别方法有较强的抗常规攻击、几何攻击和局部非线性几何攻击能力，能够快速地判断出是否为原始纹理图像，是一种智能的、时效性强的算法。

4.3　基于 DFT 压缩域的纹理防伪标签自动识别算法

4.3.1　防伪标签特征向量库的建立与标签的自动识别

1. 纹理图像视觉特征向量的选取方法

我们选取一些常规攻击和几何攻击后的实验数据如表4.15所示。表4.15

中用作测试的原始纹理图像（128×128dpi）如图4.20（a）所示。表4.15中第1列显示的是纹理图像受到攻击的类型，受到常规攻击后的纹理图像如图4.20（b）至图4.20（d）所示，受到几何攻击后的纹理图像如图4.20（e）至图4.20（i）所示，受到局部非线性几何攻击后的纹理图像如图4.20（j）至图4.20（o）所示。表4.15第3列至第10列选取经过逆DFT后第1行的8个像素值，这里用 F_F（1，1）~F_F（1，8）表示。表4.15第11列是在压缩域求出的平均像素值。对于常规攻击和几何攻击，图像的像素值（选取整数部分）可能发生一些变化，但是它们与平均像素值的大小关系仍然不变，我们

（a）原始纹理图像 （b）高斯攻击后纹理图像 （c）JPEG压缩后纹理图像 （d）中值滤波后纹理图像

（e）旋转后纹理图像 （f）缩小后纹理图像 （g）放大后纹理图像 （h）平移后纹理图像

（i）剪切后纹理图像 （j）挤压扭曲后纹理图像 （k）波纹扭曲后纹理图像 （l）球面扭曲后纹理图像

（m）旋转扭曲后纹理图像 （n）水波扭曲后纹理图像 （o）波浪随机扭曲后图像

图4.20 纹理图像的常见攻击

将大于或等于平均值记为1，小于平均值记为0，对应的序列为"00000000"，如表4.15第12列所示。观察该列可以发现，无论常规攻击、几何攻击该符号序列和原始纹理图像对应的序列值能保持相同。

表 4.15　基于 DFT 压缩域部分系数及受不同攻击后的变化值（前 8 像素）

图像操作		$PSNR/$dB	F_F(1, 1)	F_F(1, 2)	F_F(1, 3)	F_F(1, 4)	F_F(1, 5)	F_F(1, 6)	F_F(1, 7)	F_F(1, 8)	均值	与均值的关系
常规攻击	原图（带黑框）	42.14	11.36	19.61	22.42	22.18	22.07	22.35	22.18	18.86	36.84	00000000
	JPEG 压缩（5%）	23.00	11.38	19.79	22.58	22.26	22.23	22.57	22.49	19.15	37.52	00000000
	高斯干扰（3%）	17.90	13.38	20.93	23.72	23.45	23.39	23.90	24.01	19.49	36.51	00000000
	中值滤波（3×3）	21.78	11.64	20.35	22.63	22.68	22.70	22.73	22.53	19.21	37.61	00000000
几何攻击	垂直移动（5pix）	11.55	8.17	17.27	18.34	18.17	18.01	17.62	17.19	12.58	33.28	00000000
	旋转（顺时针5°）	13.32	9.90	15.75	21.58	22.92	22.86	22.96	22.26	16.23	36.76	00000000
	剪切（Y轴4%）	13.74	9.22	17.27	20.53	20.01	20.19	20.15	20.15	16.48	31.94	00000000
	缩放（×0.5）		2.82	5.01	5.56	5.53	5.48	5.57	5.51	4.56	9.21	00000000
	缩放（×2.0）		45.53	77.42	89.56	88.75	88.50	89.42	88.95	76.61	147.38	00000000
局部非线性几何攻击	挤压扭曲（数量20%）	17.15	10.60	17.88	21.55	21.37	20.91	21.58	21.22	16.96	34.56	00000000
	波纹扭曲（数量100%）	17.91	10.39	18.11	21.50	20.77	20.88	21.30	20.64	17.56	35.34	00000000
	球面扭曲（数量10%）	16.81	9.82	18.80	20.57	20.18	20.31	20.54	20.67	18.47	36.46	00000000
	旋转扭曲（角度40°）	18.72	10.37	18.42	20.65	21.16	21.08	21.11	21.06	17.67	35.34	00000000
	水波扭曲（数量5%）	18.21	10.24	18.69	20.61	21.40	20.38	20.97	21.07	17.10	35.25	00000000
	波浪随机扭曲（三角形）	8.23	10.24	18.46	20.27	18.14	20.27	21.73	20.95	16.39	35.40	00000000

为了进一步证明在压缩域基于均值的二值序列是该图的一个重要特征，又把不同的测试图像通过压缩与基于均值的二值量化处理，如图 4.21（a）至图 4.21（h）所示，得到各个图像的序列值（64bit），求出每个纹理图像的序列值之间的归一化相关系数 NC。计算结果如表 4.16 所示。

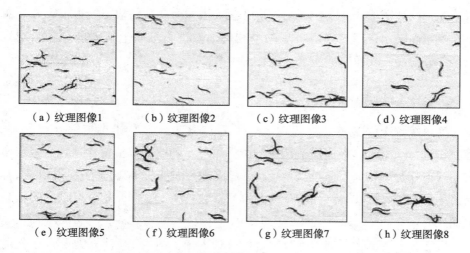

（a）纹理图像1　　（b）纹理图像2　　（c）纹理图像3　　（d）纹理图像4

（e）纹理图像5　　（f）纹理图像6　　（g）纹理图像7　　（h）纹理图像8

图 4.21　不同的纹理图像

表 4.16　不同纹理图像特征向量之间的相关系数（64bit）

	S_1	S_2	S_3	S_4	S_5	S_6	S_7	S_8
S_1	**1.00**	−0.08	0.05	−0.10	0.09	−0.25	0.18	0.20
S_2	−0.08	**1.00**	0.06	0.03	−0.03	0.12	−0.07	0.01
S_3	0.05	0.06	**1.00**	0.01	0.23	−0.09	−0.21	0.15
S_4	−0.10	0.03	0.01	**1.00**	−0.26	−0.11	0.10	−0.01
S_5	0.09	−0.03	0.23	−0.26	**1.00**	0.09	−0.09	−0.08
S_6	−0.25	0.12	−0.09	−0.11	0.09	**1.00**	0.12	0.13
S_7	0.18	−0.07	−0.21	0.10	−0.09	0.12	**1.00**	0.21
S_8	0.20	0.01	0.15	−0.01	−0.08	0.13	0.21	**1.00**

从表 4.16 可以看出，不同纹理图像之间的二值序列值 $V(j)$ 相关系数较小，小于 0.5。这说明采用上述方法求出的特征向量 $V(j)$，真实反映该纹理图像的主要视觉特征。不同的纹理图像，该值相关性较小。

2. 算法

基于 DFT 压缩域的纹理防伪标签自动识别算法与基于 DCT 压缩域的纹理防伪标签自动识别算法基本一致，此处不再赘述。

本算法与现有的纹理防伪技术相比有以下优点。①可以实现纹理真伪的自动鉴别。由于本算法是基于 DFT 和均值二值量化的智能纹理防伪技术，能够自动鉴别纹理图像，并有较强的的抗常规攻击能力和几何攻击能力。②方便快捷准确率高。由于用户只需要对整个纹理图像进行拍照上传就能自动鉴别真伪，十分便捷，实验表明该算法的准确率较高。

4.3.2 实验结果

这里纹理图像的大小为 128×128dpi。对应的全图 DFT 选取前 8×8 个系数，再进行逆 DFT，然后对变换后的图像用基于均值的二值量化处理，将求出的序列值作为图像特征向量 $V(j)$。通过图像特征向量提取算法提取出 $V'(j)$ 后，再计算 $V(j)$ 和 $V'(j)$ 的归一化相关系数 NC，来判断是否为原始的纹理图像。

图 4.22（a）是不加干扰时的原始纹理图像，图 4.22（b）是不加干扰时相似度检测图像，可以看到 $NC = 1.00$，明显通过检测可以判断为原始的纹理图像。

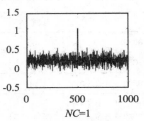

（a）原始纹理图像　　　　　　　　（b）不加干扰时相似度检测

图 4.22　不加干扰时原始纹理图像及其相似度检测

下面我们通过具体实验来判断该纹理防伪标签自动识别方法的抗常规攻击能力、抗几何攻击能力和抗局部非线性几何攻击能力。

1. 测试纹理防伪标签识别算法抗常规攻击的能力

（1）加入高斯噪声。

使用 imnoise( ) 函数在原始纹理图像中加入高斯噪声。图 4.23（a）是高斯噪声强度为 3%时的原始纹理图像，在视觉上已很模糊；图 4.23（b）是相似度检测，$NC = 1.00$，明显通过检测可以判断为原始纹理图像。表 4.17 是纹理图像抗高斯干扰时的检测数据。从实验数据可以看到，当高斯噪声强度高达 30%时，纹理图像的 $PSNR$ 降至 8.94dB，这时提取的相关系数 $NC = 1.00$，仍能通过检测判断为原始纹理图像，这说明采用该算法有较好的抗高斯噪声能力。

 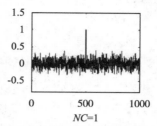

（a）加高斯干扰后的纹理图像　　　（b）加高斯干扰后的相似度检测

图4.23　纹理图像抗高斯干扰实验结果（高斯噪声强度为3%）

表4.17　纹理图像抗高斯噪声干扰实验数据

噪声强度（%）	1	3	5	10	15	20	30
$PSNR/\mathrm{dB}$	21.19	17.90	15.75	12.86	11.18	10.20	8.94
NC	1.00	1.00	1.00	1.00	1.00	1.00	1.00

（2）JPEG压缩处理。

采用图像压缩质量百分数作为参数对纹理图像进行JPEG压缩。图4.24（a）是压缩质量为5%的图像，该图已经出现方块效应；图4.24（b）是相似度检测，$NC=1.00$。表4.18为纹理图像抗JPEG压缩的实验数据。当压缩质量为1%时，仍然可以判断为原始纹理图像，$NC=0.93$，这说明采用该算法有较好的抗JPEG压缩能力。

 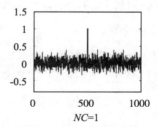

（a）JPEG压缩后的纹理图像　　　（b）JPEG压缩后相似度检测

图4.24　纹理图像抗JPEG压缩实验结果（压缩质量为5%）

表4.18　纹理图像抗JPEG压缩实验数据

压缩质量（%）	1	3	5	10	20	30	40
$PSNR/\mathrm{dB}$	21.59	21.88	23.00	24.58	26.91	28.55	29.46
NC	0.93	0.98	1.00	1.00	1.00	1.00	1.00

（3）中值滤波处理。

图 4.25（a）是中值滤波参数为（3×3），滤波重复次数为 1 的纹理图像，图像已出现模糊；图 4.25（b）是相似度检测，$NC=0.97$，检测效果明显。表 4.19 为纹理图像抗中值滤波能力，从表中看出，当中值滤波参数为（7×7），滤波重复次数为 10 时，仍然可以通过检测判断为原始纹理图像，$NC=0.93$。

 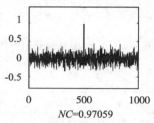

NC=0.97059

（a）中值滤波后的纹理图像　　　　（b）中值滤波后的相似度检测

图 4.25　纹理图像抗中值滤波实验结果［中值滤波参数为（3×3），重复次数为 1］

表 4.19　纹理图像抗中值滤波实验数据

中值滤波参数	中值滤波（3×3）			中值滤波（5×5）			中值滤波（7×7）		
滤波重复次数	1	5	10	1	5	10	1	5	10
$PSNR/dB$	23.43	22.03	21.78	21.53	20.38	19.99	20.89	19.27	18.15
NC	0.97	0.97	0.97	0.97	0.97	0.97	0.97	0.97	0.93

2. 纹理图像抗几何攻击能力

（1）旋转变换。

图 4.26（a）是旋转 5°时的纹理图像，$PSNR=13.32dB$，信噪比很低；图 4.26（b）是相似度检测，可以明显通过检测判断为原始纹理图像，$NC=0.94$。表 4.20 为纹理图像抗旋转攻击实验数据。从表中可以看到当纹理图像旋转 20°时，$NC=0.77$，仍然可以判断为原始纹理图像。

 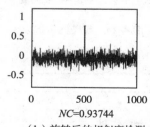

NC=0.93744

（a）旋转后的纹理图像　　　　（b）旋转后的相似度检测

图 4.26　纹理图像抗旋转变换实验结果（旋转 5°）

表4.20 纹理图像抗旋转攻击实验数据

旋转角度	3°	5°	8°	10°	13°	15°	18°	20°
$PSNR$/dB	15.27	13.32	11.69	10.91	10.08	9.64	9.10	8.86
NC	0.94	0.94	0.86	0.84	0.77	0.77	0.77	0.77

（2）缩放变换。

图4.27（a）是缩放因子为0.5的纹理图像，这时中心图像比原图小；图4.27（b）是相似度检测，$NC=0.94$，可以判断为原始纹理图像；图4.27（c）是缩放因子为2.0的纹理图像，这时中心图像比原图大；图4.27（d）是相似度检测，$NC=0.97$，可以判断为原始纹理图像。表4.21为纹理图像抗缩放攻击实验数据，从表中可以看到，当缩放因子小至0.2时，相关系数 $NC=0.79$，仍可判断为原始纹理图像，说明该算法有较强的抗缩放能力。

（a）缩小后纹理图像

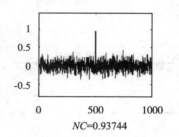

NC=0.93744

（b）缩小后的相似度检测

（c）放大后的纹理图像

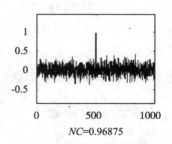

NC=0.96875

（d）放大后的相似度检测

图4.27 纹理图像抗缩放实验结果

表4.21 纹理图像抗缩放攻击实验数据

缩放因子	0.2	0.3	0.5	0.8	1.2	1.5	1.8	2.0
NC	0.79	0.84	0.94	0.93	0.98	0.95	1.00	0.97

（3）平移变换。

图 4.28（a）是垂直下移 5pix 的纹理图像，这时 $PSNR = 11.55\text{dB}$，信噪比很低；图 4.28（b）是相似度检测，$NC = 1.00$，可以判断为原始纹理图像。表 4.22 是纹理图像抗平移变换实验数据。从表中得知当垂直下移 14pix 时，通过 NC 值检测仍然可以判断为原始纹理图像，故该算法有较强的抗平移能力。

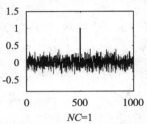

（a）垂直平移后的纹理图像　　　　　（b）垂直平移后的相似度检测

图 4.28　纹理图像抗平移实验结果（垂直移动 5pix）

表 4.22　纹理图像抗平移实验数据

方向	水平移动				垂直移动			
距离/pix	3	5	8	10	2	5	10	14
$PSNR$/dB	13.37	11.74	10.15	9.33	13.97	11.55	9.27	8.03
NC	1.00	1.00	0.89	0.62	1.00	1.00	0.62	0.62

（4）剪切攻击。

图 4.29（a）是纹理图像按 Y 轴方向剪切 4% 的情况，这时顶部相对于原始纹理图像，已被剪切掉一部分了；图 4.29（b）是相似度检测，$NC = 1.00$，可以判断为原始纹理图像。表 4.23 为纹理图像抗剪切攻击的实验数据，从表中实验数据可知，该算法有一定的抗剪切能力。

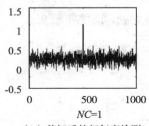

（a）剪切后的纹理图像　　　　　（b）剪切后的相似度检测

图 4.29　纹理图像抗剪切实验结果（Y 轴方向剪切 4%）

表 4.23　纹理图像抗剪切实验数据

剪切比例（％）	4	7	14
PSNR/dB	13.74	11.93	10.17
NC	1.00	0.80	0.70

3. 纹理图像抗局部非线性几何攻击能力

（1）挤压扭曲。

图 4.30（a）是扭曲数量为 20% 时的挤压扭曲纹理图像，$PSNR = 17.15\text{dB}$，信噪比很低；图 4.30（b）是相似度检测，可以判断为原始纹理图像，$NC = 0.91$。表 4.24 为纹理图像抗挤压扭曲实验数据。从表中可以看到当纹理图像遭受挤压扭曲，扭曲数量为 70% 时，$NC = 0.73$，仍然可以判断为原始纹理图像。说明该算法具有良好的抗挤压扭曲的能力。

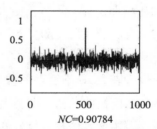

（a）挤压扭曲后的纹理图像　　　（b）挤压扭曲后的相似度检测

图 4.30　纹理图像抗挤压扭曲实验结果（扭曲数量为 20%）

表 4.24　纹理图像抗挤压扭曲试验数据

扭曲数量（％）	10	20	30	40	50	60	70
PSNR/dB	20.17	17.15	15.59	14.42	13.39	12.48	11.63
NC	0.98	0.91	0.91	0.82	0.77	0.73	0.73

（2）波纹扭曲。

图 4.31（a）是扭曲数量为 100% 时的波纹扭曲纹理图像，$PSNR = 17.91\text{dB}$，信噪比很低；图 4.31（b）是相似度检测，可以判断为原始纹理图像，$NC = 0.97$。表 4.25 为纹理图像抗波纹扭曲实验数据。从表中可以看到当纹理图像遭受波纹扭曲，扭曲数量为 700% 时，$NC = 0.70$，仍然可以判断为原始纹理图像。说明该算法具有良好的抗波纹扭曲的能力。

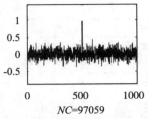

NC=97059

（a）波纹扭曲后的纹理图像　　　（b）波纹扭曲后的相似度检测

图 4.31　纹理图像抗波纹扭曲实验结果（扭曲数量为 100%）

表 4.25　纹理图像抗波纹扭曲实验数据

扭曲数量（%）	100	200	300	400	500	600	700
$PSNR$/dB	17.91	14.90	13.15	11.90	10.89	10.26	9.83
NC	0.97	0.81	0.76	0.81	0.74	0.79	0.70

（3）球面扭曲。

图 4.32（a）是扭曲数量为 10% 时的球面扭曲纹理图像，$PSNR =$ 16.81dB，信噪比很低；图 4.32（b）是相似度检测，$NC = 0.97$，可以判断为原始纹理图像。表 4.26 是纹理图像抗球面扭曲实验数据。从表中可以看到当纹理图像遭受球面扭曲，扭曲数量为 50% 时，$NC = 0.85$，仍然可以判断为原始纹理图像。说明该算法具有良好的抗球面扭曲的能力。

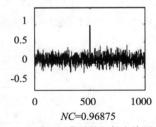

NC=0.96875

（a）球面扭曲后的纹理图像　　　（b）球面扭曲后的相似度检测

图 4.32　纹理图像抗球面扭曲实验结果（扭曲数量为 10%）

表 4.26　纹理图像抗球面扭曲实验数据

扭曲数量（%）	5	10	20	30	40	50
$PSNR$/dB	21.39	16.81	14.16	12.70	11.72	11.02
NC	0.97	0.97	0.83	0.85	0.85	0.85

（4）局部旋转扭曲。

图 4.33（a）是扭曲度数为 40° 时的局部旋转扭曲纹理图像，$PSNR = 18.72\text{dB}$，信噪比很低；图 4.33（b）是相似度检测，$NC = 1.00$，可以判断为原始纹理图像。表 4.27 是纹理图像抗局部旋转扭曲实验数据。从表中可以看到当纹理图像遭受局部旋转扭曲，扭曲度数为 50° 时，$NC = 1.00$，仍然可以判断为原始纹理图像。说明该算法具有良好的抗局部旋转扭曲的能力。

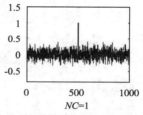

（a）局部旋转扭曲后的纹理图像　　　（b）局部旋转扭曲后的相似度检测

图 4.33　纹理图像抗局部旋转扭曲实验结果（扭曲度数为 40°）

表 4.27　纹理图像抗局部旋转扭曲实验数据

扭曲角度	5°	10°	20°	30°	40°	50°
$PSNR/\text{dB}$	24.80	21.48	19.73	19.07	18.72	18.41
NC	1.00	1.00	1.00	1.00	1.00	1.00

（5）水波扭曲。

图 4.34（a）是扭曲数量为 5% 时的水波扭曲纹理图像，$PSNR = 18.21\text{dB}$，信噪比很低；图 4.34（b）是相似度检测，$NC = 0.91$，可以判断为原始纹理图像。表 4.28 是纹理图像抗水波扭曲实验数据。从表中可以看到当纹理图像遭受水波扭曲，扭曲数量为 40% 时，$NC = 0.75$，仍然可以判断为原始纹理图像。说明该算法具有良好的抗水波扭曲的能力。

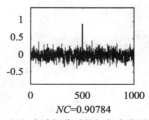

（a）水波扭曲后的纹理图像　　　（b）水波扭曲后的相似度检测

图 4.34　纹理图像抗水波扭曲实验结果（扭曲数量为 5%）

表4.28　纹理图像抗水波扭曲实验数据

水波扭曲数量（%）	2	5	10	20	30	40
$PSNR$/dB	21.41	18.21	14.73	11.51	8.59	7.34
NC	1.00	0.91	0.84	0.84	0.80	0.75

（6）波浪随机扭曲。

图4.35（a）是扭曲类型为三角形、生成器数为5、波长11～50、幅值6～11、水平比例为100%、垂直比例为100%时的纹理图像，$PSNR = 12.04$dB，信噪比很低；图4.35（b）是相似度检测，$NC = 0.88$，可以判断为原始纹理图像。说明该算法具有良好的抗波浪随机扭曲的能力。

 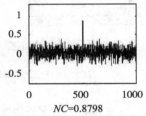

（a）波浪随机扭曲后的纹理图像　　　（b）波浪随机扭曲后的相似度检测

图4.35　纹理图像抗波浪随机扭曲实验结果

4. 纹理图像抗手机拍摄攻击能力

手机拍摄攻击是一种综合性的攻击，图4.36（a）是手机拍摄的纹理图像，$PSNR = 17.27$dB，信噪比比较低；图4.36（b）是相似度检测，$NC = 0.91$，可以判断为原始纹理图像。说明该算法具有良好的抗手机拍摄攻击能力。

 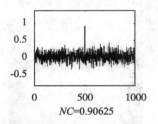

（a）手机拍摄后的纹理图像　　　　（b）手机拍摄后的相似度检测

图4.36　纹理图像抗手机拍摄实验结果

通过以上的实验说明，该智能纹理防伪方法有较强的抗常规攻击、几何攻击和局部非线性几何攻击能力，能够快速地判断出是否为原始纹理图像，是一种智能的、时效性强的算法。

4.4　基于感知哈希的纹理标签自动识别算法

4.4.1　防伪标签特征向量库的建立与标签的自动识别

1. 纹理图像视觉特征向量的选取方法

通过大量实验我们发现当对一个纹理图像进行常见的几何变换时，图像的哈希值基本保持不变。我们选取一些常规攻击和几何攻击后的实验数据，如表4.29所示。表4.29中用作测试的原始纹理图像（128×128dpi），如图4.37（a）所示。表中第1列显示的是纹理图像受到攻击的类型，受到常规攻击后的纹理图像如图4.37（b）至图4.37（d）所示，受到几何攻击后的纹理图像如图4.37（e）至图4.37（i）所示，受到局部非线性几何攻击后的纹理图像如图4.37（j）至图4.37（o）所示。表4.29第3列至第10列是在感知哈希算法处理后第1行的8个像素值。第11列是感知哈希算法求出的平均像素值。对于常规攻击和几何攻击，图像的像素值可能发生一些变换，但是它与平均像素值的大小关系仍然不变。我们将大于或等于平均值记为1，小于平均值记为0，对应的哈希值序列为"00000000"，如表4.29第12列所示。观察该列可以发现，无论常规攻击、几何攻击，该符号序列和原始纹理图对应的哈希值保持相同。

表4.29　感知哈希处理后部分系数及受不同攻击后的变化值（8 像素）

图像操作		$PSNR/$dB	F_e(1, 1)	F_e(1, 2)	F_e(1, 3)	F_e(1, 4)	F_e(1, 5)	F_e(1, 6)	F_e(1, 7)	F_e(1, 8)	像素均值	符号序列
常规攻击	原图（带黑框）	42.14	0.014	0.044	0.045	0.045	0.044	0.045	0.044	0.014	0.146	00000000
	JPEG 压缩（5%）	23.00	0.016	0.047	0.048	0.048	0.048	0.048	0.047	0.016	0.149	00000000
	高斯干扰（3%）	17.94	0.026	0.055	0.053	0.057	0.056	0.054	0.058	0.026	0.145	00000000
	中值滤波（3×3）	21.78	0.013	0.043	0.045	0.045	0.044	0.045	0.043	0.013	0.149	00000000

图像操作		$PSNR/$ dB	F_e (1, 1)	F_e (1, 2)	F_e (1, 3)	F_e (1, 4)	F_e (1, 5)	F_e (1, 6)	F_e (1, 7)	F_e (1, 8)	像素均值	符号序列
几何攻击	垂直移动（5pix）	11.55	−0.113	−0.341	−0.287	−0.229	−0.492	−0.310	−0.449	−0.018	0.132	00000000
	旋转（顺时针5°）	13.32	0.007	0.074	0.073	0.055	0.039	0.026	0.015	0.007	0.146	00000000
	剪切（Y轴4%）	13.74	0.003	0.017	0.018	0.018	0.017	0.018	0.017	0.003	0.126	00000000
	缩放（×0.3）		0.015	0.046	0.047	0.047	0.047	0.047	0.044	0.011	0.141	00000000
	缩放（×2.0）		0.014	0.044	0.045	0.045	0.044	0.045	0.044	0.014	0.146	00000000
局部非线性几何攻击	挤压扭曲（数量50%）	13.39	0.011	0.040	0.028	0.011	0.011	0.027	0.039	0.011	0.130	00000000
	波纹扭曲（数量400%）	11.90	0.025	0.047	0.029	0.063	0.051	0.028	0.049	0.012	0.140	00000000
	球面扭曲（数量40%）	11.72	0.009	0.045	0.084	0.102	0.101	0.086	0.047	0.009	0.157	00000000
	旋转扭曲（角度40°）	18.72	0.011	0.040	0.044	0.044	0.038	0.038	0.040	0.011	0.140	00000000
	水波扭曲（数量10%）	14.73	0.010	0.041	0.058	0.045	0.043	0.059	0.042	0.011	0.137	00000000
	波浪随机扭曲（正弦）	8.23	0.034	0.046	0.070	0.042	0.123	0.037	0.037	0.085	0.138	00000000

为了进一步证明感知哈希算法求出的哈希值是属于该图的一个重要特征，又把不同的测试图像通过感知哈希算法对它们进行处理，如图4.38（a）至图4.38（h）所示，得到各个图像的哈希值，并且求出每个纹理图像的哈希值序列之间的归一化相关系数 NC。计算结果如表4.30所示。

（a）原始纹理图像　（b）高斯攻击后纹理图像 （c）JPEG压缩后纹理图像　（d）中值滤波后纹理图像

（e）旋转后纹理图像　（f）缩放后纹理图像　（g）放大后纹理图像　（h）平移后纹理图像

（i）剪切后纹理图像　（j）挤压扭曲后纹理图像 （k）波纹扭曲后纹理图像　（l）球面扭曲后纹理图像

（m）旋转扭曲后纹理图像　　（n）水波扭曲后纹理图像　　（o）波浪随机扭曲后图像

图4.37　纹理图像的常见攻击

105

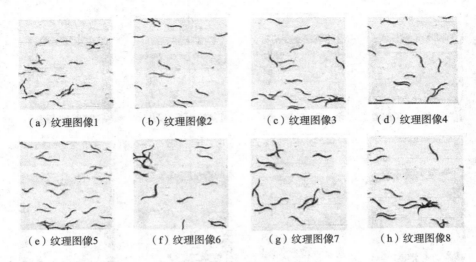

（a）纹理图像1　　　（b）纹理图像2　　　（c）纹理图像3　　　（d）纹理图像4

（e）纹理图像5　　　（f）纹理图像6　　　（g）纹理图像7　　　（h）纹理图像8

图 4.38　不同的纹理图像

表 4.30　不同不带黑框纹理图像哈希值之间的相关系数（64bit）

	S_1	S_2	S_3	S_4	S_5	S_6	S_7	S_8
S_1	1.00	0.03	0.21	−0.15	0.16	−0.18	0.16	0.34
S_2	0.03	1.00	0.09	0.05	0.03	0.03	−0.17	−0.16
S_3	0.21	0.09	1.00	0.14	0.26	−0.17	−0.19	0.12
S_4	−0.15	0.05	0.14	1.00	−0.17	−0.23	−0.04	0.01
S_5	0.16	0.03	0.26	−0.17	1.00	0.03	−0.12	−0.01
S_6	−0.18	0.03	−0.17	−0.23	0.03	1.00	0.10	0.05
S_7	0.16	−0.17	−0.19	−0.04	−0.12	0.10	1.00	0.20
S_8	0.34	−0.16	0.12	0.01	−0.01	0.05	0.20	1.00

　　从表 4.30 可以看出，不同纹理图像之间哈希值序列相差较大，归一化相关系数 NC 值较小，小于 0.5。这更加说明哈希值序列可以反映该纹理图像的主要视觉特征。当纹理图像受到一定程度的常规攻击、几何攻击和局部非线性几何攻击后，该向量基本不变。

2. 算法

　　我们选取一个带黑框的纹理图像作为原始的纹理图像，加黑色边框是为了保证纹理图像几何变换时能量守恒。原始纹理图像记为 $F = \{f(i,j) \mid f(i,j) \in R; 1 \leqslant i \leqslant N_1, 1 \leqslant j \leqslant N_2\}$，$f(i,j)$ 表示原始纹理图像的像素灰度值。为了便于运算，我们假设 $N_1 = N_2 = N$。

（1）图像特征提取。

1）通过感知哈希算法，得到原始纹理图像的一个视觉特征向量 $V(j)$ 。

先将图像缩小到 $8 \times 8\mathrm{dip}$ 大小，然后计算 8×8 个像素的灰度平均值，最后将每个像素的灰度与平均值进行比较，大于或等于平均值记为 1，小于平均值记为 0。将比较结果组合在一起就构成一个 8×8 共 64bit 的序列，这就是这张图像的哈希值，即图像的特征向量。主要过程描述如下：

$$F_P(i,j) = \mathrm{PHA2}\big[F(i,j)\big] \qquad (4.11)$$

$$V(j) = F_P(i,j) \qquad (4.12)$$

2）求出待测纹理图像的视觉特征向量 $V'(j)$ 。

设待测纹理图像为 $F'(i,j)$ ，用感知哈希算法对待测图像进行处理，即按上述方法，求得待测图像的视觉特征向量 $V'(j)$ 。

$$F'_P(i,j) = \mathrm{PHA2}\big[F'(i,j)\big] \qquad (4.13)$$

$$V'(j) = F'_P(i,j) \qquad (4.14)$$

（2）图像鉴别。

1）求出原始纹理图像的视觉特征向量 $V(j)$ 和待测图像的视觉特征向量 $V'(j)$ 的归一化相关系数 NC 。

$$NC = \frac{\sum_j V(j)V'(j)}{\sum_j V^2(j)} \qquad (4.15)$$

2）将求得的 NC 值返回到用户手机上。

本算法与现有的纹理防伪技术相比有以下优点。①可以实现纹理真伪的自动鉴别。由于本算法是基于感知哈希的智能纹理防伪技术，能够自动鉴别纹理图像，并且对于感知攻击后的纹理图像仍能提取正确的图像哈希值作为图像特征向量，实现自动鉴别，纹理特征向量提取方法有较强的抗常规攻击能力和几何攻击能力。②方便快捷准确率高。由于用户只需要对整个纹理图像进行拍照上传就能自动鉴别真伪，十分便捷，而且算法的准确率很高。

4.4.2　实验结果

这里纹理图像的大小为 $128 \times 128\mathrm{dpi}$ 。对应的感知哈希算法求出的哈希值序列为 $F_P(i,j)$ ，$1 \leqslant i \leqslant 8$ ，$1 \leqslant j \leqslant 8$ 。将求出的哈希值作为图像特征向量 $V(j)$ 。通过图像特征向量提取算法提取出 $V'(j)$ 后，再计算 $V(j)$ 和 $V'(j)$ 的归

一化相关系数 NC，来判断是否为原始的纹理图像。

图 4.39 （a）是不加干扰时的原始纹理图像；图 4.39 （b）是不加干扰时相似度检测，可以看到 $NC = 1.00$，明显通过检测可以判断为原始的纹理图像。

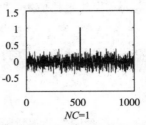

（a）原始纹理图像　　　　　　　　　（b）不加干扰时相似度检测图像

图 4.39　不加干扰时原始纹理图像及其相似度检测

下面我们通过具体实验来判断该智能纹理防伪方法的抗常规攻击能力、抗几何攻击能力和抗局部非线性几何攻击能力。

1. 测试纹理防伪标签识别算法抗常规攻击的能力

（1）加入高斯噪声。

使用 imnoise( ) 函数在原始纹理图像中加入高斯噪声。图 4.40 （a）是高斯噪声强度为 3% 时的原始纹理图像，在视觉上已很模糊；图 4.40 （b）是相似度检测，$NC = 1.00$，明显通过检测可以判断为原始纹理图像。表 4.31 是纹理图像抗高斯干扰时的检测数据。从实验数据可以看到，当高斯噪声强度高达 30% 时，纹理图像的 $PSNR$ 降至 8.82dB，这时提取的相关系数 $NC = 1.00$，仍能通过检测判断为原始纹理图像，这说明采用该算法有较好的抗高斯噪声能力。

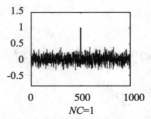

（a）加高斯干扰后的纹理图像　　　　（b）加高斯干扰后的相似度检测

图 4.40　纹理图像抗高斯干扰实验结果 （高斯噪声强度为 3%）

表 4.31 纹理图像抗高斯噪声干扰实验数据

表 4.31 纹理图像抗高斯噪声干扰实验数据

噪声强度（%）	1	3	5	10	15	20	30
$PSNR/\text{dB}$	22.31	17.94	15.75	12.83	11.21	10.21	8.82
NC	1.00	1.00	1.00	1.00	1.00	1.00	1.00

（2）JPEG 压缩处理。

采用图像压缩质量百分数作为参数对纹理图像进行 JPEG 压缩；图 4.41（a）是压缩质量为 5% 的图像，该图已经出现方块效应；图 4.41（b）是相似度检测，$NC=1.00$。表 4.32 为纹理图像抗 JPEG 压缩的实验数据。当压缩质量为 1% 时，仍然可以判断为原始纹理图像，$NC=1.00$，这说明采用该算法有较好的抗 JPEG 压缩能力。

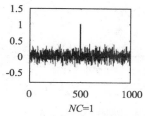

$NC=1$

（a）JPEG压缩后的纹理图像　　　　　（b）JPEG压缩后相似度检测

图 4.41 纹理图像抗 JPEG 压缩实验结果（压缩质量为 5%）

表 4.32 纹理图像抗 JPEG 压缩实验数据

压缩质量（%）	1	3	5	10	20	30	40
$PSNR/\text{dB}$	21.59	21.88	23.00	24.58	26.91	28.55	29.46
NC	1.00	1.00	1.00	1.00	1.00	1.00	1.00

（3）中值滤波处理。

图 4.42（a）是中值滤波参数为（3×3），滤波重复次数为 10 的纹理图像，图像已出现模糊；图 4.42（b）是相似度检测，$NC=1.00$，检测效果明显。表 4.33 为纹理图像抗中值滤波能力，从表中看出，当中值滤波参数为（7×7），滤波重复次数为 10 时，仍然可以通过检测判断为原始纹理图像，$NC=1.00$。

 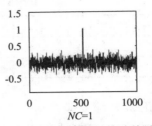

（a）中值滤波后的纹理图像　　　　（b）中值滤波后的相似度检测

图4.42　纹理图像抗中值滤波实验结果［中值滤波参数为（3×3）重复次数为10］

表4.33　纹理图像抗中值滤波实验数据

中值滤波参数	中值滤波（3×3）			中值滤波（5×5）			中值滤波（7×7）		
滤波重复次数	1	5	10	1	5	10	1	5	10
$PSNR$/dB	23.43	22.03	21.78	21.53	20.38	19.99	20.89	19.27	18.15
NC	1.00	1.00	1.00	1.00	1.00	1.00	1.00	1.00	1.00

2. 纹理图像抗几何攻击能力

（1）旋转变换。

图4.43（a）是旋转5°时的纹理图像，$PSNR=13.32$dB，信噪比很低；图4.43（b）是相似度检测，可以明显通过检测判断为原始纹理图像，$NC=1.00$。表4.34为纹理图像抗旋转攻击实验数据。从表中可以看到当纹理图像旋转25°时，$NC=0.60$，仍然可以判断为原始纹理图像。

 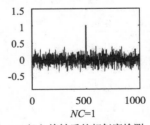

（a）旋转后的纹理图像　　　　（b）旋转后的相似度检测

图4.43　纹理图像抗旋转变换实验结果（旋转5°）

110

表 4.34 纹理图像抗旋转攻击实验数据

旋转角度	3°	5°	8°	10°	13°	15°	20°	25°
PSNR/dB	15.27	13.32	11.69	10.91	10.08	9.64	8.86	8.33
NC	1.00	1.00	1.00	1.00	1.00	0.75	0.75	0.60

（2）缩放变换。

图 4.44（a）是缩放因子为 0.3 的纹理图像，这时中心图像比原图小；图 4.44（b）是相似度检测，$NC=1.00$，可以判断为原始纹理图像；图 4.44（c）是缩放因子为 2.0 的纹理图像，这时中心图像比原图大；图 4.44（d）是相似度检测，$NC=1.00$，可以判断为原始纹理图像。表 4.35 为纹理图像抗缩放攻击实验数据，从表 4.35 可以看到，当缩放因子小至 0.2 时，相关系数 $NC=1.00$，仍可判断为原始纹理图像，说明该算法有较强的抗缩放能力。

（a）缩小后的纹理图像

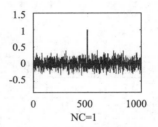

（b）缩小后的相似度检测

（c）放大后的纹理图像

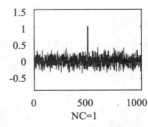

（d）放大后的相似度检测

图 4.44 纹理图像抗缩放实验结果

表 4.35 纹理图像抗缩放攻击实验数据

缩放因子	0.2	0.3	0.5	0.8	1.2	1.5	1.8	2.0
NC	1.00	1.00	1.00	1.00	1.00	1.00	1.00	1.00

（3）平移变换。

图 4.45（a）是垂直下移 5pix 的纹理图像，这时 $PSNR = 11.55$dB，信噪比很低；图 4.45（b）是相似度检测，$NC = 1.00$，可以判断为原始纹理图像。表 4.36 是纹理图像抗平移变换实验数据。从表中得知当垂直下移 14pix 时，通过 NC 值检测仍然可以判断为原始纹理图像，故该算法有较强的抗平移能力。

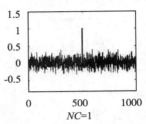

（a）垂直平移后的纹理图像　　　　（b）垂直平移后的相似度检测

图 4.45　纹理图像抗平移实验结果（垂直移动 5pix）

表 4.36　纹理图像抗平移实验数据

方向	水平移动				垂直移动			
距离/pix	3	5	8	10	2	5	10	14
$PSNR$/dB	13.37	11.74	10.15	9.33	13.97	11.55	9.27	8.03
NC	1.00	1.00	0.74	0.62	1.00	1.00	0.62	0.62

（4）剪切攻击。

图 4.46（a）是纹理图像按 Y 轴方向剪切 4% 的情况，这时顶部相对于原始纹理图像，已被剪切掉一部分了；图 4.46（b）是相似度检测，$NC = 1.00$，可以判断为原始纹理图像。表 4.37 为纹理图像抗剪切攻击的实验数据，从表中实验数据可知，该算法有一定的抗剪切能力。

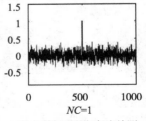

（a）剪切后的纹理图像　　　　（b）剪切后的相似度检测

图 4.46　纹理图像抗剪切实验结果（Y 轴方向剪切 4%）

表 4.37 纹理图像抗剪切实验数据

剪切比例（%）	4	7	14
PSNR/dB	13.74	11.93	10.17
NC	1.00	1.00	1.00

3. 纹理图像抗局部非线性几何攻击能力

（1）挤压扭曲。

图 4.47（a）是扭曲数量为 50% 时的挤压扭曲纹理图像，*PSNR* = 13.39dB，信噪比很低；图 4.47（b）是相似度检测，可以判断为原始纹理图像，*NC* = 1.00。表 4.38 为纹理图像抗挤压扭曲实验数据。从表中可以看到当纹理图像遭受挤压扭曲，扭曲数量为 70% 时，*NC* = 1.00，仍然可以判断为原始纹理图像。说明该算法具有良好的抗挤压扭曲的能力。

　　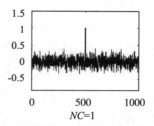

（a）挤压扭曲后的纹理图像　　　　（b）挤压扭曲后的相似度检测

图 4.47 纹理图像抗挤压扭曲实验结果（扭曲数量为 50%）

表 4.38 纹理图像抗挤压扭曲实验数据

扭曲数量（%）	10	20	30	40	50	60	70
PSNR/dB	20.17	17.15	15.59	14.42	13.39	12.48	11.63
NC	1.00	1.00	1.00	1.00	1.00	1.00	1.00

（2）波纹扭曲。

图 4.48（a）是扭曲数量为 400% 时的波纹扭曲纹理图像，*PSNR* = 11.90dB，信噪比很低；图 4.48（b）是相似度检测，可以判断为原始纹理图像，*NC* = 1.00。表 4.39 为纹理图像抗波纹扭曲实验数据。从表中可以看到当纹理图像遭受波纹扭曲，扭曲数量为 700% 时，*NC* = 1.00，仍然可以判断为原始纹理图像。说明该算法具有良好的抗波纹扭曲的能力。

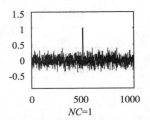

（a）波纹扭曲后的纹理图像　　　（b）波纹扭曲后的相似度检测

图 4.48　纹理图像抗波纹扭曲实验结果（扭曲数量为 400%）

表 4.39　纹理图像抗波纹扭曲实验数据

扭曲数量（%）	100	200	300	400	500	600	700
$PSNR$/dB	17.91	14.90	13.15	11.90	10.89	10.26	9.83
NC	1.00	1.00	1.00	1.00	1.00	1.00	1.00

（3）球面扭曲。

图 4.49（a）是扭曲数量为 40% 时的球面扭曲纹理图像，$PSNR =$ 11.72dB，信噪比很低；图 4.49（b）是相似度检测，$NC = 1.00$，可以判断为原始纹理图像。表 4.40 是纹理图像抗球面扭曲实验数据。从表中可以看到当纹理图像遭受球面扭曲，扭曲数量为 50% 时，$NC = 1.00$，仍然可以判断为原始纹理图像。说明该算法具有良好的抗球面扭曲的能力。

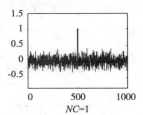

（a）球面扭曲后的纹理图像　　　（b）球面扭曲后的相似度检测

图 4.49　纹理图像抗球面扭曲实验结果（扭曲数量为 40%）

表 4.40　纹理图像抗球面扭曲实验数据

扭曲数量（%）	5	10	20	30	40	50
$PSNR$/dB	21.39	16.81	14.16	12.70	11.72	11.02
NC	1.00	1.00	1.00	1.00	1.00	1.00

（4）局部旋转扭曲。

图 4.50（a）是扭曲度数为 40° 时的局部旋转扭曲纹理图像，$PSNR =$

18.72dB，信噪比很低；图 4.50（b）是相似度检测，$NC=1.00$，可以判断为原始纹理图像。表 4.41 是纹理图像抗局部旋转扭曲实验数据。从表中可以看到当纹理图像遭受局部旋转扭曲，扭曲度数为 50° 时，$NC=1.00$，仍然可以判断为原始纹理图像。说明该算法具有良好的抗局部旋转扭曲的能力。

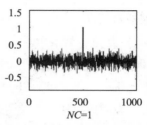

（a）局部旋转扭曲后的纹理图像　　　（b）局部旋转扭曲后的相似度检测

图 4.50　纹理图像抗局部旋转扭曲实验结果（扭曲度数为 40°）

表 4.41　纹理图像抗局部旋转扭曲实验数据

扭曲角度	5°	10°	20°	30°	40°	50°
$PSNR$/dB	24.80	21.48	19.73	19.07	18.72	18.41
NC	1.00	1.00	1.00	1.00	1.00	1.00

（5）水波扭曲。

图 4.51（a）是扭曲数量为 10% 时的水波扭曲纹理图像，$PSNR=14.73$dB，信噪比很低；图 4.51（b）是相似度检测，$NC=1.00$，可以判断为原始纹理图像。表 4.42 是纹理图像抗水波扭曲实验数据。从表中可以看到当纹理图像遭受水波扭曲，扭曲数量为 50% 时，$NC=0.64$，仍然可以判断为原始纹理图像。说明该算法具有良好的抗水波扭曲的能力。

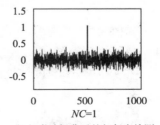

（a）水波扭曲后的纹理图像　　　（b）水波扭曲后的相似度检测

图 4.51　纹理图像抗水波扭曲实验结果（扭曲数量为 10%）

表4.42　纹理图像抗水波扭曲实验数据

水波扭曲数量（%）	5	10	20	30	40	50
PSNR/dB	18.21	14.73	11.51	8.59	7.34	6.59
NC	1.00	1.00	0.89	0.89	0.67	0.64

（6）波浪随机扭曲。

图4.52（a）是扭曲类型为正弦、生成器数为5、波长11~50、幅值6~11、水平比例为100%、垂直比例为100%时的波浪随机扭曲纹理图像，$PSNR = 8.23dB$，信噪比很低；图4.52（b）是相似度检测，$NC = 0.91$，可以判断为原始纹理图像。说明该算法具有良好的抗波浪随机扭曲的能力。

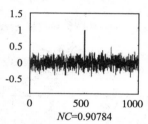

（a）波浪随机扭曲后的纹理图像　　　（b）波浪随机扭曲后的相似度检测

图4.52　纹理图像抗波浪随机扭曲实验结果

4. 纹理图像抗手机拍摄攻击能力

手机拍摄攻击是一种综合性的攻击，图4.53（a）是手机拍摄的纹理图像，可以看出，与原图相比不是很清晰；图4.53（b）是相似度检测，$NC = 1.00$，可以判断为原始纹理图像。说明该算法具有良好的抗手机拍摄攻击能力。

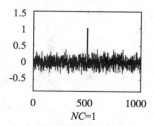

（a）手机拍摄后的纹理图像　　　（b）手机拍摄后的相似度检测

图4.53　纹理图像抗手机拍摄实验结果

通过以上的实验说明，该智能纹理防伪算法有较强的抗常规攻击、几何攻击和局部非线性几何攻击能力，能够快速地判断出是否为原始纹理图像，是一种智能的、时效性强的算法。

结　语

本书以纹理防伪标签作为研究对象，根据图像处理理论，从特征提取和变换域的特性出发，通过统计、分析大量的实验数据，在变换域对纹理防伪标签图像特征进行提取。这些基于图像特征的算法具有抗常规攻击和几何攻击能力，并且提升了对纹理防伪标签的自动识别速度，同时节省了数据库的存储空间。本书提出的纹理防伪标签的自动识别算法，将纹理防伪与互联网和智能移动终端进行了结合，对于推动纹理防伪自动识别技术和营造全民打假的社会氛围，都有一定的意义。这些算法均是基于变换域，本书使用了图像处理的基本理论、均值感知哈希、离散余弦变换（DCT）、离散傅里叶变换（DFT）、离散小波变换（DWT）以及它们的结合体小波余弦变换（DWT – DCT）、小波傅里叶变换（DWT – DFT）。本书的创造性工作如下。

1. 提出了四种基于变换域的纹理防伪标签自动识别算法

本书共提出了四种基于变换域的纹理防伪标签自动识别算法，分别为基于DCT 的纹理防伪标签自动识别算法。基于 DFT 的纹理防伪标签自动识别算法、基于 DWT – DCT 的纹理防伪标签自动识别算法算法和基于 DWT – DFT 的纹理防伪标签自动识别算法。这些算法都是首先对纹理防伪图像进行全局变换，选取低频部分的系数，由此提取出纹理防伪图像的特征向量。与以往的纹理防伪标签自动识别算法相比，这些算法的识别速度快，所占数据库的容量较小，并且对纹理防伪标签的核心防伪部分进行识别，有较高的安全性，故有较高的实用价值，为纹理防伪的推广普及起到了一定的作用。

2. 提出了三种基于压缩域的纹理防伪标签自动识别算法

本书提出了三种基于压缩域的纹理防伪标签自动识别算法，分别为基于DCT 压缩域的纹理防伪标签自动识别算法、基于 DFT 压缩域的纹理防伪标签自动识别算法和基于感知哈希的纹理防伪标签自动识别算法。它们都是利用均值感知哈希和基本频域变换来对纹理防伪图像进行特征向量的提取的。实验证明这些算法都具有理想的抗几何和常规攻击能力。与常规的算法相比，这些算法的识别速度快，所占数据库的容量较小，并且对纹理防伪标签的核心防伪部分进行识别，有较高的安全性，便于消费者使用。

总之，本书突破了传统的纹理防伪标签自动识别思想，创造性地提出了利用变换域提取纹理防伪标签的核心防伪部分的特征来进行自动识别的方法，并将图像处理的基本理论、均值感知哈希、频域变换和纹理防伪技术有机结合成一体，较好地解决了目前纹理防伪标签自动识别的批量生产使用、效率、安全、易用度等方面的难题，对纹理防伪的推广使用以及营造全民打假的社会氛围都有着不小的影响。

参考文献

［1］蒋春华. 浅析纹理防伪技术［J］. 中国防伪报道，2012（11）：47－50.

［2］Choi S H，Poon C H. An RFID－based anti－counterfeiting system［J］. IAENG International Journal of Computer Science，2008，35（1）：1－12.

［3］卢健. 浅谈标签防伪技术［J］. 印刷杂志，2015：12－14.

［4］杨嘉伟. 激光防伪技术［J］. 安防科技·安全管理者，2005：50－51.

［5］童娟. 激光全息技术的发展及展望［J］. 硅谷，2010（13）：16－17.

［6］抱雪. 激光全息防伪技术［J］. 安防科技，2003（01）：21－22.

［7］马金涛. 激光全息防伪技术及其应用［J］. 中国防伪报道，2007（11）：31－40.

［8］王向华，谢涛. 数码防伪技术及其应用研究［J］. 长沙电力学院学报（自然科学版），2004（4）：29－33.

［9］胡林. 商标上运用不断创新的防伪技术［J］. 中国防伪报道，2015（5）：49－52.

［10］黄德龙. "数码防伪"技术产业化可行性研究［D］. 西安：西北工业大学，2004：1－51.

［11］何坚，何俊. 新兴防伪技术——数码防伪［J］. 中国包装工业，2002（8）：46－47.

［12］周季峰，庞明勇，李黎，潘志庚. 一种印刷品数字水印防伪方法［J］. 计算机工程与应用，2007，43（5）：189－192.

［13］谭俊峤. 国内外防伪技术的市场应用及其发展前景［J］. 今日印刷，2006（4）：75－78.

［14］联信. 纹理防伪技术原理及优势透视［J］. 中国防伪报道，2005（11）：26－28.

［15］蒋春华. 浅析纹理防伪技术［J］. 中国防伪报道，2012（11）：47－50.

［16］陈明发. 纹理防伪非定位烫印标识［P］. 中国，201210030409.9，2012－2－13.

［17］陈明发，陈飞. 撒纤印刷系统［P］. 中国，201120399473.5，2011－10－20.

［18］陈明发. 一种数字化纹理防伪纸［P］. 中国，201110446033.5，2011－12－28.

［19］郝晓秀，杨淑蕙，冯群策，徐清华. 安全线防伪纸的研究进展［J］. 天津造纸，2002（4）：21－23.

［20］龙柱. 防伪纸及其展望［C］. 中国造纸学会第十四届学术年会论文集，2010：8－16.

［21］刘琴. 常见防伪纸张特性及其发展趋势分析［J］. 印刷质量与标准化，2012（11）：8－13.

［22］ 田威. 纸张防伪与防伪纸［J］. 天津造纸，2008，30（4）：32－36.

［23］ 王凌云，范成勇. 防伪纸和防伪技术的开发［J］. 天津造纸，1992（3）：18.

［24］ 马小娜，韩颖. 防伪纸的种类及发展前景［J］. 黑龙江造纸，2012，40（1）：33－37.

［25］ 李军雄. 揭开纹理数码防伪的面纱［J］. 数码印艺，2009（4）：53－56.

［26］ 舒伟. 浅谈纹理防伪技术［J］. 印刷质量与标准化，2011（7）：12－16.

［27］ 陈明发. 纹理防伪手机自动识别标识［P］. 中国，201210040150.6，2012－02－22.

［28］ 李峰. 结合条码与短信查询的纹理防伪结构＼物流系统及方法［P］. 中国，201210349090.6，2012－9－19.

［29］ TUYLS P，BATINA L. RFID－tags for anti－counterfeiting［M］. Berlin：Springer，2006.

［30］ Lowe D G. Distinctive image features from scale－invariant keypoints［J］. International journal of computer vision，2004，60（2）：91－110.

［31］ 刘瑞祯，谭铁牛. 基于奇异值分解的数字图像水印方法［J］. 电子学报，2001，29（2）：168－171.

［32］ P Bas，J M Chassery，B Macq. Geometrically invariant watermarking using feature points［J］. IEEE Trans. Image Processing，2002，11（9）：1014－1028.

［33］ CELIK T，TJAHJADI T. A novel method for sidescan sonar image segmentation［J］. IEEE Journal of Oceanic Engineering，2011，36.

［34］ Zhou H，Yuan Y，Shi C. Object tracking using SIFT features and mean shift［J］. Computer Vision and Image Understanding，2009，113（3）：345－352.

［35］ Cheung W，Hamarneh G. N－sift：N－dimensional scale invariant feature transform for matching medical images［J］. Biomedical Imaging：From Nano to Macro，4th IEEE International Symposium，2007：720－723.

［36］ Ke Y，Sukthankar R. PCA－SIFT：A more distinctive representation for local image descriptors［J］. Computer Vision and Pattern Recognition，Proceedings of the 2004 IEEE Computer Society Conference：506－513.

［37］ Yang J，Zhang D，Frangi A F，et al. Two－dimensional PCA：a new approach to appearance－based face representation and recognition［J］. Pattern Analysis and Machine Intelligence，IEEE Transactions on，2004，26（1）：131－137.

［38］ Pal M，Foody G M. Feature selection for classification of hyperspectral data by SVM［J］. Geoscience and Remote Sensing，IEEE Transactions，2010，48（5）：2297－2307.

［39］ 楼偶俊，王相海，王钲旋. 抗几何攻击的量化鲁棒视频水印技术研究［J］. 计算机研究与发展，2007，44（7）：1211－1218.

［40］ Ruanaith J，Pun T. Rotation scale and translation invariant digital image［J］. Proceedings of ICIP, 1997: 536 – 539.

[41] 刘连山, 李人厚, 高琦. 基于 DWT 的彩色图像绿色分量数字水印方案. 通信学报 [J], 2005, 26 (7): 62 – 67.

[42] D Y CHEN, M Ouhyoung, J L Wu. AShift – Resisting Public Watermark System for Protecting Image Processing Software [J]. IEEE Transaction On Consumer Electronicds, 2000, 46 (3): 404 – 414.

[43] Swaminathan, Ashwin, Yinian Mao, Min Wu. Robust and secure image hashing [J]. IEEE Transactions on Information Forensics and Security, 2006, 1 (2): 215 – 230.

[44] KUTTERM, BHATTACHARJEE S K, EBRAHIMI T. Towards second generation watermarking schemes [C] // Proc of the 6th International Conference on Image Processing. IEEE Conference Publication, 1999: 320 – 323.

[45] Zhao Y, Lagendijk R L. Video Watermarking Scheme Resistant to Geometric Attacks [R]. Proc Int Conf on Image Processing, 2002: 145 – 148.

[46] Massimiliano C, Elisa D G, Touradj E, et al. Watermarked 3 – D mesh quality assessment [J]. IEEE Transactions on Multimedia, 2007, 9 (2): 247 – 256.

[47] Bors A G. Watermarking mesh – based representations of 3 – D objects using local moments [J]. IEEE Transactions on Image Processing, 2006, 15 (3): 687 – 701.

[48] 郎方年, 袁晓, 周激流, 等. 小波变换系数冗余性分析. 自动化学报 [J]. 2006, 32 (4): 568 – 577.

[49] 李水银, 吴纪桃. 分形与小波 [M]. 北京: 科学出版社, 2002. 10.

[50] 牛夏牧, 焦玉华. 感知哈希综述 [J]. 电子学报, 2008, 36 (7): 1405 – 1411.

[51] 张慧. 图像感知哈希测评基准及算法研究 [D]. 哈尔滨: 哈尔滨工业大学, 2009.

[52] 欧阳杰, 高金花, 文振焜, 等. 融合 HVS 计算模型的视频感知哈希算法研究 [J]. 中国图象图形学报, 2011, 16 (10): 1883 – 1889.

[53] Oostveen J, Kalker T, Haitsma J. Visual hashing of digital video: applications and techniques [C]. Applications of Digital Image Processing XXIV, volume 4472 of Proceedings of SPIE, San Diego, CA, USA, 2001: 121 – 132.

[54] Ramarathnam, Koon S M, Jakubowski, Mariusz H, Moulin Pierre. Robust image hashing [M]. Vancouver, Canada. 2000.

[55] Mihçak M K, Venkatesan R. New iterative geometric methods for robust perceptual image hashing [J]. Security and Privacy in Digital Rights Management, 2002: 13 – 21.

[56] 王亚男. 基于感知哈希的图像认证算法研究 [D]. 哈尔滨: 哈尔滨工业大学, 2009.

[57] Monga V, Banerjee A, Evans B L. A clustering based approach to perceptual image hashing

[J]. IEEE Transactions on Information Forensics and Security, 2006, 1 (1): 68 – 79.

[58] Monga V, Evans B L. Perceptual image hashing via feature points: performance evaluation and tradeoffs [J]. IEEE Transactions on Image Processing, 2006, 15 (11): 3452 – 3465.

[59] Han Shuihua, Chu Chao – hsien, Yang Shuangyuan. Content – based image authentication: current status issues, and challenges [C]. ICSC 2007 International Confrence on Semantic Computing, 2007: 630 – 636.